不可能は、可能になる

「一生、車椅子」の宣告を受けた
ロボット研究者の挑戦

古田貴之
千葉工業大学fuRo所長

PHP

不可能は、可能になる

「一生、車椅子」の宣告を受けたロボット研究者の挑戦

プロローグ　難病からの生還

僕が生死をさまよう病を経験したのは十四歳のときでした。

「鉄腕アトム」のお茶の水博士や「マジンガーZ」の兜博士に憧れ、巨大ロボットをつくる人になりたい……。そんな夢を抱いていた少年時代は、十四歳のある日、暗転しました。

突然、歩くことができなくなったのです。

病院で診察を受けると、すぐに入院が決まり、六人部屋のベッドで不安な一夜を過ごしました。


そして、翌朝——。

病室で見た光景はいまも強く僕の心に残っています。

ひどく咳き込む音とばたばたと響く足音で目覚めると、リノリウムの床の赤い血の跡が目に入ります。部屋の中には、入院患者のざわざわとした言葉にならないざわめきと、医師や看護師の発する緊迫した声が混じり合い、何が起きているのかを徐々に理解しました。

僕の向かいのベッドで眠っていた末期ガンの男性が、吐血をして亡くなったのです。その方のベッドが運び出され、騒ぎが収まると、白衣の看護師たちは床に残った吐血痕をモップで拭いていました。

その間、僕は何をすることもできず、ベッドの上に座っていました。

考えていたことは一つです。

人は必ず死ぬ――。

それまでの僕は他の同世代と同じように、人生は長く、未来はずっと先まで続き、輝いていると信じていました。ところが、昨日まで生きていた人が一夜で死んでしまう。人生はぷつりと途切れることを知り、僕の意識は大きく変わりました。

いつか巨大ロボットをつくれたら格好いい。

その「いつか」は、いつなんだ?

人はいつ死ぬのかわからない。それなのに「いつか」なんて言っていていいのか?

高校生になったら。

大学生になったら。

社会人になったら……。

「いつかできる、いつかやれる」では、夢は実現できない。

一瞬一瞬を全力で生き抜いて、自分のやりたいことを必死に追いかけて、後世に何かを残すこと。それが、人生を生きる意味じゃないか。


あの日、僕は死を身近に感じたことで、そう考えるようになったのです。このままベッドで寝ているわけにはいかない――。僕は焦りました。

しかし、医師の宣告はあまりにも厳しいものでした。

「余命は八年。運が良くても一生車椅子だろう」

「余命は八年？」

「命が助かっても、一生歩けない⁉」

その衝撃は、言葉にできないくらい大きなものです。僕の病気は、脊髄をウイルスに侵される難病だったのです。

しばらくの間は絶望に打ちのめされました。

治る病気だと思っていたけれど、僕はもう駄目なんだ――。

呆然とする中で日々は過ぎていきました。

しかし、時間が経過するにつれて「すぐに死ぬわけではないんだ」と考えられるようになり、少しずつ事態を受け止めていきました。

落ち込んでいても仕方がない。

まずは、できることから始めよう。

車椅子を使ってリハビリ室に行く。

杖を片手に歩行訓練を受ける日々の始まりです。

そのとき、僕の中に一つのアイデアがむくむくと生まれてきました。

それが、中学時代に想い描いた「二足歩行型車椅子ロボット」のスケッチです。

スケッチには自分の意思で自由に動き回りたいという、僕の強い想いが込められています。

車椅子の暮らしの中で何よりもストレスを感じたのは、皮肉なことに多くの親切な人々の手助けです。

ある日、僕は病院の外へ散歩に出ようと考えました。廊下の移動は車椅子でも問題ないのですが、難関は手押しの扉です。少し時間をかければ自力で開いてドアの向こうへ進むことができますが、たいていは親切な人が現れて、さっと扉を開けてくれるのです。

「ありがとうございます!」

僕は感謝する一方で「それぐらい自分でできるのに!」と苛立ちました。

また、買い物でレジ会計をしようとすれば、必ず誰かが手伝ってくれます。書店で欲しい本を手に取ろうと書棚に近づくと「どの本? 取ろうか?」と親切心から声をかけられる……。

毎日がその繰り返しでした。


自分はこの先ずっと、誰かの力を借りながら生きていくのだろうか。

その葛藤が生み出したアイデアが、足のある車椅子だったのです。

他人の親切やボランティアに頼らずとも、車椅子に足をつけて、どこにでも行け

僕がイメージした車椅子ロボット
（当時のスケッチを基に研究員が再現）

るようなものをつくりたい。障害物を避けて、落ちたものが拾える目もつけよう。障害のある人だけでなく、誰もが乗ってみたくなるような格好のいい、自律歩行する車椅子――。

そうだ「車椅子ロボット」をつくろう。

「不自由が不自由でなくなる」ような「不幸せが幸せに変わる」ようなロボットをつくったら、自分と同じ境遇の人はきっと喜ぶに違いないと思ったのです。

その後、僕の病気は奇跡的に回復しました。

しかし、十四歳からしばらく続いた車椅子生活は、僕のロボットに対する考え方を根底から変えてしまいました。巨大ロボットも格好いいけれど、もっと身近な人の役に立つロボットを徹底的に開発しよう。

それも「いつか」ではなくて「いますぐ」に！

気がつくと、あれだけ夢中だった鉄腕アトムも、マジンガーZも目の前から消えていました。僕の中で、人間の形をしたヒューマノイドロボットは、沢山あるロボットの一部でしかなくなったのです。

ロボットとはコンピューターとモーターとセンサーを積み込んだ機械であり、「人間の役に立つ道具」です。

ロボット技術を突き詰めて研究することで、人の幸せのために役立つ技術を後世に残すことができるはずだ。

「自分の手で、人々が幸せになれる未来をつくる！」と、僕は心に決めたのです。

不可能は、可能になる　目次

第二章 本質は見えない部分に宿る

第三章◎人を動かす

第四章　挫折はあきらめた瞬間に訪れる

ブックデザイン
松 昭教（bookwall）

カバーPHOTO
帆刈一哉（Team Sleep）

本文DTP
宇田川由美子

編集協力
佐口賢作
先川原正浩（fuRo）

編集
田畑博文（PHPエディターズ・グループ）

第一章　社会から不自由をなくしたい

自分で自分の限界をつくらない

千葉工業大学　未来ロボット技術研究センター「ｆｕＲｏ」の所長。これが、現在の僕の肩書きです。「ｆｕＲｏ」とは「ｆｕｔｕｒｅ　Ｒｏｂｏｔｉｃｓ　Ｔｅｃｈｎｏｌｏｇｙ　Ｃｅｎｔｅｒ」の略。その名の通り、未来に向けてロボット技術の研究を行う研究センターです。

設立は、二〇〇三年の六月。運命の導きのような急展開で実現した「ｆｕＲｏ」の立ち上げには様々なエピソードがありますが、それは後々紹介させてください。

僕にとって「ｆｕＲｏ」はとても大切な居場所です。千葉工業大学の敷地内にある「ｆｕＲｏ」には、僕が青山学院大学の助手だった時代から共にロボットをつくってきた優秀な仲間たちがいます。ロボット研究に関しては、「世界の最先端にいる」と自負しているチームです。

所内の雰囲気は少々変わっていて、立場上、僕らは所長と研究員に分かれていますが、実際は上下関係がありません。センター内のブース分けも全員でアミダくじをして決めました。僕はプライベートの悩みも、水面下で進行中のプロジェクトに関する愚痴も、ほとんどすべてを研究員に話しています。

そんな風通しの良さが、僕にはとても居心地がいい。

人は、「これは自分がやるべきではない」と感じる仕事をやらされたときに、辛さを感じるものです。逆に「ああ、面白い！」と思える職場ならば、一〇〇パーセント以上の力を発揮できる。

抽象的な表現になりますが、様々な人が、各々のスタイルでアイデアや長所を発揮し合える環境があれば、仕事は自然と面白くなっていきます。

所長である僕の取り柄は「挫折」を知らないこと——。何かをあきらめた瞬間を「挫折」と呼ぶのなら、僕は仕事や研究に関しては挫折知らずです。それは、僕が優秀だからではありません。

僕はあきらめたことが一度もないからです。自分で自分の限界をつくらないからです。できないと思い込んでしまったら、何かを実現することはできません。

僕は、結果を出すためには、あらゆる努力を惜しまずに力を注ぎ込んできました。

そんな僕のスタイルを受け止め、惜しみなく力を貸してくれる仲間たちがいる場所。それが「ｆｕＲｏ」です。

ロボット技術で社会に貢献する

組織としての「ｆｕＲｏ」の特徴は、千葉工業大学にありながら、従来の大学における付属機関とは少々異なるという点です。譬《たと》えるならば、大学の兄弟機関とでもいうのでしょうか。学校法人直轄のロボット研究機関。まったく新しい形の日本初の組織です。

「ｆｕＲｏ」を設立した目的は、ただ一つ――。

「ロボット技術で社会に貢献する」ためです。

僕たちは、ロボット技術で世の中を変えたいと考えています。僕は、職人技の「一品モノ」のロボット研究のみに専念する気持ちはありません。

「古田貴之にしかつくれないロボット」では、社会に貢献することはできない。多くの技術者は、残念ながら「技術バカ」で、素晴らしいアイデアと技術で優れたものを生み出したときに、「これは近い将来、世の中で採用されるに違いない」と無邪気に思い込んでしまいます。

ここに大きな落とし穴がある。

例えば、僕らがいま、ハードウェアからソフトウェアまでを自分たちで開発して、全力を注いで、ガンダムのようなロボットをつくったとしましょう。

そのロボットは、社会に貢献できると思いますか？

世の中を変えることができると思いますか？

たしかに、大きな話題にはなるでしょう。僕らは「最先端のロボット研究者」として脚光を浴びることができるでしょう。

でも、そこまでです。

死ぬ気で頑張って「一品モノのロボット」を月に五台生産したとして、それが素晴らしい発明で、手に入れた人の暮らしが劇的に変わるとしても、一億二〇〇〇万人以上の人々へ行き渡るには途方もない時間が必要になります。

門外不出のロボット技術、博物館に飾られるような希少性の高いロボットは、僕らの目指すゴールではありません。

大切なことは、開発したハードウェアやソフトウェアの汎用性です。コストを度外視した「一品モノ」ではビジネスになりませんし、現場のニーズに耳を傾けなければ使ってもらえるものにはなりません。

僕は大学の研究室、国のプロジェクトの双方に身を置いて、それぞれの一長一短を目の当たりにしました。素晴らしい技術がありながら、使い道についての視点が欠けている開発や、一つの用途に特化しすぎたために汎用性に欠けるハードウェア……。どれも完成度は素晴らしいのですが、ただそれだけのロボットでした。

もちろん、基礎研究として、そのアプローチは非常に価値があります。しかし、先々の広がりが見えてこない。大学と国の研究機関――。双方に共通していたのは「ロボットの専門家だけがロボット技術を扱っている」という状況でした。

あらゆるジャンルにロボット技術を

「ｆｕＲｏ」には「ロボット技術をもっと広めて、世の中の役に立たせたい」という願いがあります。

例えば、日本のＧＤＰ（国内総生産）の六七パーセントを占める第三次産業。物流、建築、住宅、大規模商業施設などのサービス産業にロボット技術が導入されることで、多くの分野の「不自由が自由になる」のです。

それでは、どのようにアプローチすれば、ロボット技術は既存の産業や施設に溶け込めるのか。

重要なのは、現場のニーズに耳を傾けて、そこで使ってもらえるロボットをつくり出すことです。また、開発したハードウェアやソフトウェアを、誰もが扱えるようにパッケージ化することも大切です。

極端な話をすれば、一般の人が秋葉原に行って、パーツを買い揃えれば立派にガンダムを自作することができる状態。そこまで到達しなければ、ロボット技術が社会に貢献して、世の中を変えることにはなりません。

「ｆｕＲｏ」の組織の一番の強みは、制約がなく、国でも企業でも大学でもない組織であるということです。技術者が、技術を研究するだけではなく、ロボット技術の「使われ方」にも踏み込んで研究を行っています。

自分の手で未来をつくりたい。

僕の根本には、十四歳当時の想いがそのまま息づいています。そして、現在、とても幸せなことに、同じ目標に向かって全力を尽くしてくれる仲間たちがいます。

カンブリア紀の生命のようなロボット

中学生だったあの日、頭に浮かんだ「足のある車椅子」「車椅子ロボット」のアイデアはいまも僕の中にあり、情熱を燃やす原動力になっています。そして、四十二歳になった僕は、そう遠くない将来に、人が乗って自在に動かせるロボットを発表することができると考えています。

すでに、仕組みは完成しているからです。

「ｆｕＲｏ」では、この七年間で、未来に向けたロボットを何台か製作してきました。そのうちの一つ、僕が中学生の頃に描いていた「車椅子ロボット」のラフスケッチを違う形で実現したロボットがあります。

それは、「ハルキゲニア01（Ｈａｌｌｕｃｉｇｅｎｉａ01）」です。

このロボットは、僕の尊敬する工業デザイナーの山中俊治さんが発案した、未来の乗り物をつくる「ハルキゲニアプロジェクト」から生まれました。共同開発した山中さんは、ＪＲ東日本の「Ｓｕｉｃａ改札機」（ＪＲ西日本では「ＩＣＯＣＡ改札機」）を手がけたことでも知られる超一流のデザイナーです。

写真を見ていただくとわかるように、「ハルキゲニア01」はワンボックスカー、あるいは電車の先頭車両のようなデザインになっています。

一見すると、八つの車輪があるために自動車のように見えますが、実はボディの裏側に秘密があります。裏返すと目に飛び込んでくる八本の足。その足の先に一つずつ車輪がついているわけです。

命名のモデルとなった「ハルキゲニア」とは五億数千万年前、古生代カンブリア紀に生息していた生物の名前です。地上にはまだ生物のいなかったこの時代、海中では進化の大爆発、生命の実験場などといわれる程の大変化が起こり、多様な生物が次々と誕生したとされています。

初めて地球上に脊椎を持った生物が生まれ、爪、殻、脚、牙などの堅く機能的な器官を手に入れ、現在では見られない多様な姿の生物が誕生しました。

ハルキゲニアはその時代の生物の一種で、化石発見者が思わず「幻覚」と名付けた程の不思議な形状の生物です。

カンブリア紀の進化の大爆発から、今日の生物の原型が生まれたといえるわけです。我々の実験的なデザインが、ロボット進化の起爆剤となることを夢見て、プロジェクトは「ハルキゲニア」と命名されました。

次世代型自動車「ハルキゲニア01」

自動車の基本構造を進化させる

「ハルキゲニアプロジェクト」は、誕生から百年以上経っても変わらない自動車の基本原理である「四つの車輪とエンジン」という仕組みは「そろそろ進化させてもいい」というコンセプトから開発を進めました。

実際、現在の自動車の機能に皆が満足しているかといえば、そんなことはありません。例えば、縦列駐車が苦手な人は沢山います。混雑している都市空間で、このまま自動車を真横に移動できたら、どんなに楽になるか。

Uターンできる場所を探さずに、その場でくるりと回転できたら便利なのに……と思っているドライバーは少なくないはずです。

あるいは、大きな段差を振動なくスムーズに乗り越えられたら、自動車が走るために平らな路面を整備する手間も省けます。

こうした発想には「車椅子のままでどこへでも自由に行きたい」という、かつての僕の願望が色濃く出ています。ロボット開発は「このようにできたらいい」という目的から形が決まるべきです。人間型ロボットで培った技術を応用した結果、「ハルキゲニア01」は八本足になりました。

従来の自動車との決定的な違いは、この八本の足の一個一個がロボットになっている点にあります。足それぞれにモーター、コンピューター、センサー、簡単な人工知能が組み込まれていて、状況を判断して動く。

四本の足で走り、残る四本は車輪を上げて次の動作の準備をするのです。だから、すぐに横方向へ動いたり、その場で回転することができるわけです。

また、使っていない四本の足は周囲の状況を探る道具になっています。段差を感じ取ると、走行に使っている四本の足に加えて、残る四本の足が補助的な動きを始める。すると、段差があっても車体を水平に保つことができます。

通常、こうした動きを実現しようと考えたとき、選択肢として画像センサーを使う方法があります。当初、この部分を担当した「ｆｕＲｏ」の研究員も、その線で考えていました。しかし、僕は反対しました。

画像センサーは暗いと周囲を認識する力が落ちるので、一〇〇パーセントの対応力を発揮することが難しい。確実性に課題があることがはっきりしている以上は使えません。

そこで、研究員を集めて「手探りで感知させよう」と宣言しました。前例のない発想だったので驚いている研究員もいましたが、目算がなかったわけではありません。

僕の中には、「ｆｕＲｏ」以前に開発していた人間型ロボットで培った「関節を柔らかく動かす技術」を発展させれば必ず対応できるという確信があり、開発は成功しました。

「ハルキゲニア01」は、将来、レスキューなどの特殊車両や福祉車両、物流用などへの展開に向けた第一歩と想定しています。

昆虫や動物のように移動できる自動車

二〇〇七年には、再び山中俊治さんと共に「ハルクⅡ（ＨａｌｌｕｃⅡ）」を製作しました。当初は「ハルキゲニア02」というネーミングも考えましたが、覚えやすさを優先して、短く「ハルクⅡ」としました。

「ハルクⅡ」は、「ハルキゲニア01」で実現した技術をさらに前進させたロボットです。八本の足を持ち、五六個のモーターを搭載し、多関節ホイール機構を装備。しかも、「ビークル（車両）モード」「インセクト（昆虫）モード」「アニマル（動物）モード」という三つのモードを切り替えることもできる未来の乗り物です。

「ビークル（車両）モード」では、車輪による移動モード「直進、旋回」「その場での回転」「真横走行」「車体を前方に向けたまま横方向への移動」「並進と回転を組み合わせた走行」「段差・坂道走行」などの移動が可能です。

また、「インセクト（昆虫）モード」では、昆虫のような足移動形態をとり、足による高速移動が可能。「アニマル（動物）モード」では、四足動物のような足移動形態とすることで、狭い場所を足を用いて移動できるようにしました。

なぜそんなことをするのか——。それは、環境に優しい乗り物にするためです。

移動手段のために、自然を破壊して道路を整備するという発想は、もう捨てたい。乗り物に環境を合わせるのではなく、乗り物が環境に合わせるというコンセプトがベースになっています。

「ハルキゲニア01」も段差を越えられますが、その動きは車輪オンリーでした。舗装された道ならば、タイヤ付きの車輪で移動するのが一番効率的ですが、未舗装の道や階段を進むためには足があったほうがいい。だったら、足を生やして歩けるようにする。

これはまさに、僕の「足のある車椅子」「車椅子ロボット」の発想です。

このように書くと、「ハルキゲニアプロジェクト」の狙いに沿った開発計画のように見えますが、真相は異なります。実は「ハルクⅡ」は、本来は生まれるはずのないロボットでした。

「ハルクⅡ」のインセクトモード

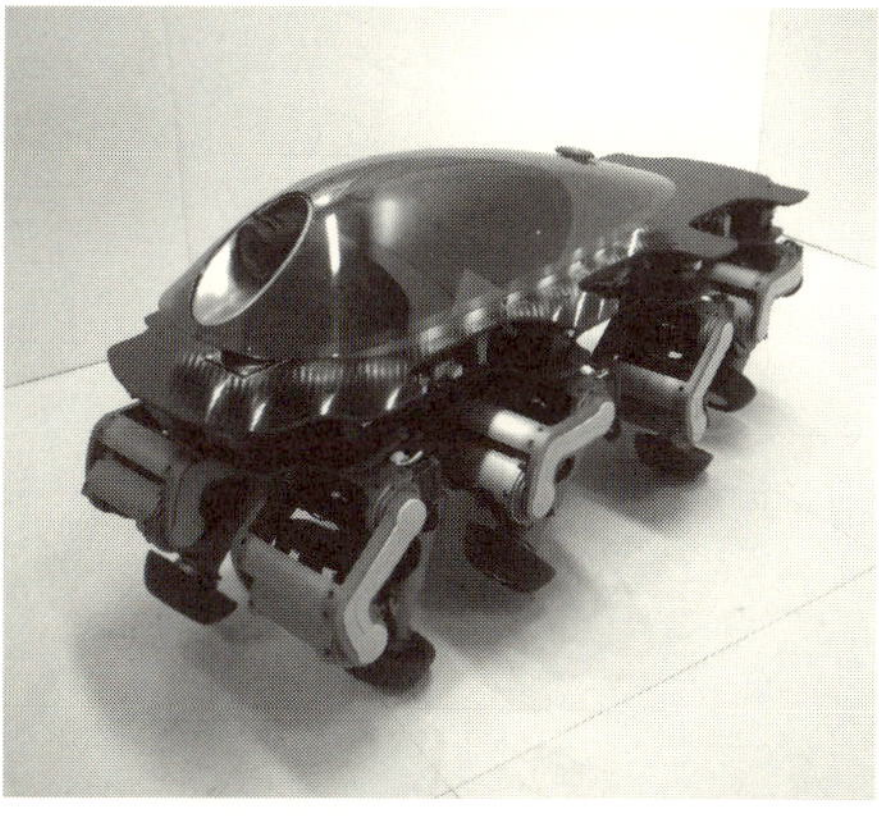

「ハルクⅡ」のアニマルモード

◎このロボットは絶対に動かない……

ロボットの研究開発の現場では、日常的に予想外の出来事が生じます。ほとんどのプロジェクトは予算と日程のいずれも厳しい状況で動いています。予想外の出来事の九五パーセント以上は、開発チームを断崖にまで追い込みます。

納期に間に合わないかもしれない。

ここまで積み上げた研究結果が、無駄になるかもしれない。

予算が足りず、これ以上先には進めないかもしれない。

プロジェクトリーダーが責任を取り、辞めなくてはならないかもしれない。

断崖を背にしたとき、研究員の間にもクライアントにも動揺が走ります。

しかし、僕は追い詰められることが嫌いではありません。危機が訪れると「このピンチをチャンスに変えるには……」と、思考が冴えてきます。これは学生時代から変わらぬことで、僕の持っている数少ない良い資質なのかもしれません。

そして、「ハルクⅡ」の開発は、まさに「ピンチをチャンスに変えた」好例です。

先程、「ハルクⅡ」は本来生まれるはずではなかった、と書きました。

当時、僕らが開発していたのはロボットを動かすためのコックピットシステムでした。「ｆｕＲｏ」にコックピットシステムの開発を依頼してくれたのは、宇宙飛行士の毛利衛さんが館長を務める「日本科学未来館」です。

コンセプトは「子どもたちが体験できるロボット技術」。日本科学未来館にロボットが自由に動き回ることのできるブースを用意して、来館した子どもたちがコックピットに入り操縦する。僕はロボットブースの監修をすることになりました。

長らくロボットアニメを愛してきた人間として、両手のコントロールバーでロボットを動かし、ロボット視線の映像が大きなディスプレイに映し出されるドーム型のコックピットをイメージして、プロジェクトに参加しました。

多くの人々や子どもたちが訪れる日本科学未来館の常設展示になる以上は、ブース内を動き回るロボットにとって最も重要なのは耐久性です。どのように扱っても、何をしても壊れないことが第一。カメラを搭載した車輪型のシンプルなラフデザインを策定《さくてい》しました。

クライアントは日本科学未来館。ロボットブースの監修者が古田貴之。コックピットシステムの開発が「ｆｕＲｏ」。ロボットの製作は日本科学未来館から別の業者へ発注されました。

僕らは「人機一体」をキーワードに、直感的にロボットを動かすことのできるシステムを目指してプロトタイプを作成。技術的な問題を解決して、汎用操縦システム「ハル（Ｈｕｌｌ）」と名付けたコックピットシステムの開発は、いよいよ最終段階を迎えました。

ところが、監修者として一安心していると、思わぬ事態が発生しました。業者から上がってきたロボットのプロトタイプは、こちらで策定したラフデザインとはまったく違うものだったのです。

最も重要な要素として伝えてあったはずの、耐久性には程遠い「一品モノ」のロボットが目の前に鎮座しています。開発担当者に悪意はなく、ロボット好きが高じての独走でした。

「私は『ハルキゲニア01』が大好きなので、あの路線を踏襲しながらより大きなサイズにしたんです！」とのこと。しかも、僕や「ｆｕＲｏ」の承諾も得ずに「ハルキゲニア01」を共同開発した山中俊治さんにデザインを依頼していました。

耐久性に関して質問すると、「同じロボットを三台つくり、ローテーションさせる予定」という答えです。すでに、一個五万円の関節用のモーターを二種類、三台分の計一五〇個が発注されていました。

それで問題なく動くのならばいい。しかし、一目見た瞬間に経験値と計算から、「このロボットは絶対に動かない」と確信しました。

サイズを大きくしたロボットは、当然重量も増えています。担当者は「パワーのあるモーターを使っているから大丈夫です」と語るものの、この試作機の構造ではロボットの体を持ち上げるために必要なパワーの五分の一しか出力されません。このままではまったく動かない三台のロボットが組み上がってしまいます。

◎完成度を高めるための「ちゃぶ台返し」

しかも、モーターを買い足したり買い替える予算はありません。日本科学未来館のロボットブースの発表まで、残された時間は一カ月。このままでは、プロジェクトは失敗となります。

もちろん、「ｆｕＲｏ」の分担はコックピットシステムです。日本科学未来館に対して「そちらの業者の選定ミスですよね」と素知らぬふりをすることも可能でした。

しかし「ピンチをチャンス」に変えたい――。

デザイナーの山中さんも巻き込んだ大ピンチを前に、僕は全身全霊で考えました。現在の設計ではパワー不足で使えない二種類のモーターが合計一五〇個。これをどのように駆使して、誰にでも自由自在に操縦できる耐久性のあるロボットをつくるか。山中さんと一緒に仕事を進める以上は、機能美も追究したい――。

数日間、考え込んだ末にひらめいたのが「ダブルモーター構想」です。

短いタイプのモーターは二個一組にして関節に使用する。長いタイプで力の伝動が悪いモーターは車輪用に。また､その長さを生かして変形後の足として使用する。長短二種類のモーターの組み合わせを工夫することで、問題は解決しました。

その結果、生まれたのが「ハルクⅡ」の「インセクトモード」と「アニマルモード」です。

このアイデアで、解決のための設計の基礎はできました。しかし、残された時間はあまりにも短く、僕と僕をサポートしてくれた研究員はほぼ二週間徹夜で、プロトタイプを完成させることとなりました。通常三カ月でも速いペースといわれるところを十四日間です。

「本当に間に合いますか？」と不安がる研究員に「大丈夫だ」と答えながらの作業は、濃密で心地よい時間でした。

僕は、徹夜が続くと頭がクリアになっていく体質です。とにかく興奮状態で、徹夜も三日目ぐらいになると感覚が鋭敏になり、二手、三手先にやるべきことが見えてきます。スポーツ選手の言う「ゾーン」に入っていくのかもしれません。

成功のイメージ、完成のイメージが膨らんでいき、それが自信となり、不安がる研究員を励ます言葉にも力が出てきます。自画自賛になりますが「ハルクⅡ」のプロトタイプは本当に完成度が高く、後に発表された完成版の「ハルクⅡ」よりも高いパフォーマンスを示しました。

これで一件落着。研究員たちは安心していましたが、僕は素直に喜べずにいました。

何か胸につかえるような違和感がある——。

時間も予算もない中でよくやったと思う反面、まだ足りないのではないか。動き回るプロトタイプを眺めながら、「何が足りていないか」に気づきました。「ハルキゲニア01」にあって、目の前のプロトタイプに足りないもの——。

それは機能美です。

例えば、足の周辺に見え隠れする配線。日本科学未来館のブースで幾度となく稼働するうちに、あの配線はいつか故障の原因になるだろう。ボディデザインとロボットとしての機能を一体化したい。

その高みを実現する魔法の手を持つ工業デザイナー山中俊治さんが参加してくれたのに、プロトタイプは時間のなさを理由にして、その力を十分に生かし切れていない。

僕は「ちゃぶ台を返す」ことに決めました。

「設計を一からやり直そう」

そう宣言した僕を、研究員が呆然とした顔で見つめています。長い付き合いがあり、僕の土壇場の「ちゃぶ台返し」に慣れているはずの研究員たちも、このときは慌てました。

「いけますか？　いまからですよ。設計を一から変えるなんて間に合いますか？」

「絶対にいける」

僕の一存で、プロトタイプはお蔵入りになりました。その確信の裏付けは、山中さんのデザイン力です。彼は、描いたラフスケッチがそのまま完成形をイメージさせる魔法の手の持ち主です。結果は見事に間に合いました。

「ハルクⅡ」は、八本の足と五六個のモーターを搭載したまったく新しいロボットとしてお披露目の日を迎えました。

車体に搭載したセンサーは三六〇度全方位を確認。障害物の方向や距離をつかむことができ、子どもからお年寄りまで誰でも操作できるように設計された「ハルクⅡ」は、現在も日本科学未来館の常設展示として来館者の人気を集めています。

一方、コックピットシステムの「ハル」は、将来的に「ハルクⅡ」の技術が古くなったときも、他のロボットに指令を伝えるためのコックピットとして使えるようにシステムが組まれています。

二〇〇八年には、南アフリカで開催された権威ある国際デザインカンファレンス「デザイン・インダバ」に山中さんが招待され、「ハルクⅡ」のステージデモは喝采を浴びました。

ピンチは成長できるチャンス

この「ハルキゲニアプロジェクト」のように、ロボット開発にはピンチが付き物です。そもそも、「ｆｕＲｏ」の計画に「ハルクⅡ」の開発は入っていませんでした。ところが、現場では常に計画外のことが飛び込んでくる。アクシデントがあるからこそ楽しくなるのが人生です。

僕がピンチになると燃えるのは、「自分が進化できるチャンス」だと思うからです。人間は追い詰められた環境に身を置いたときに成長します。もっと言えば、生ぬる

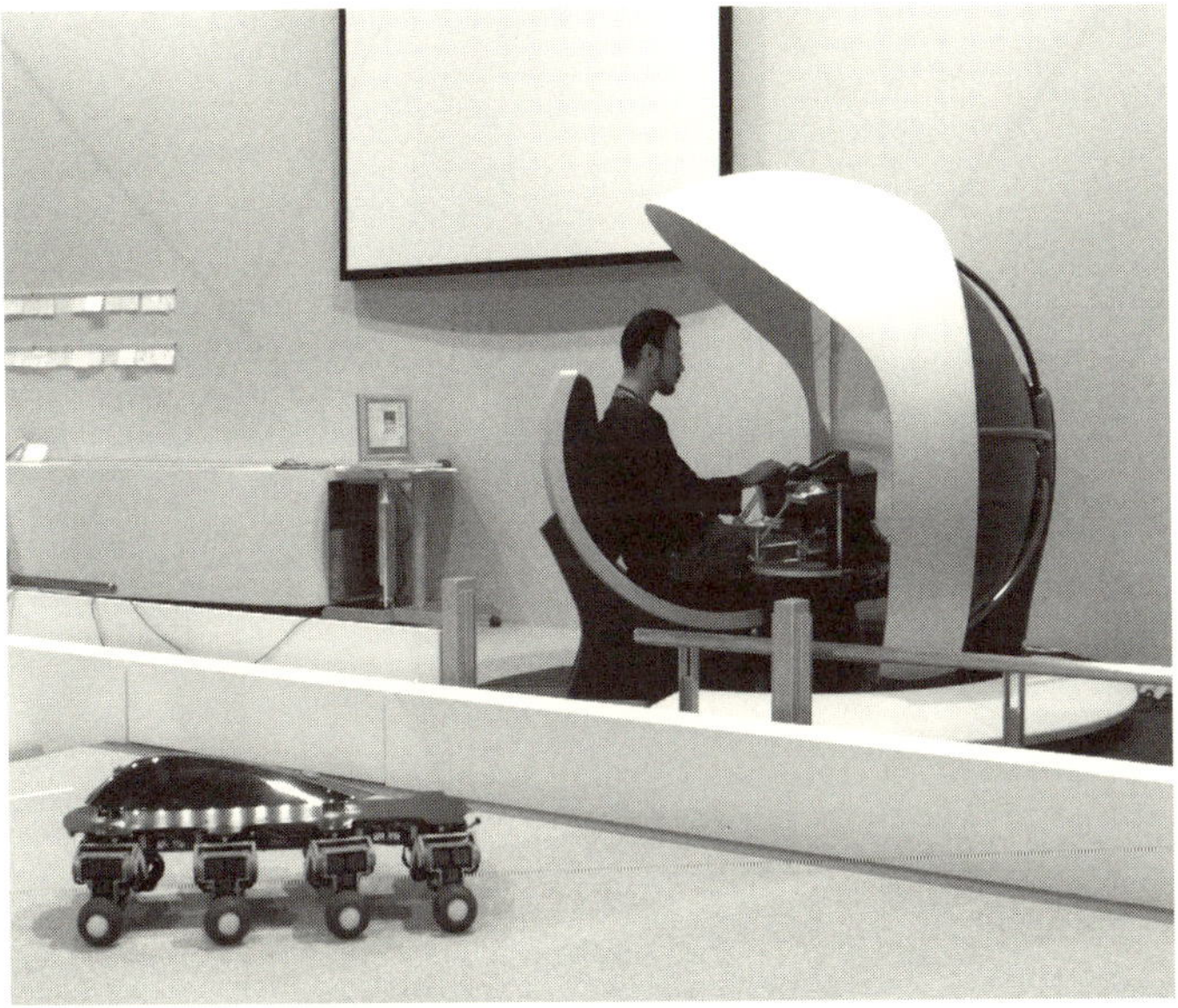

「ハル」のコックピットに搭乗して「ハルクⅡ」を動かしている様子

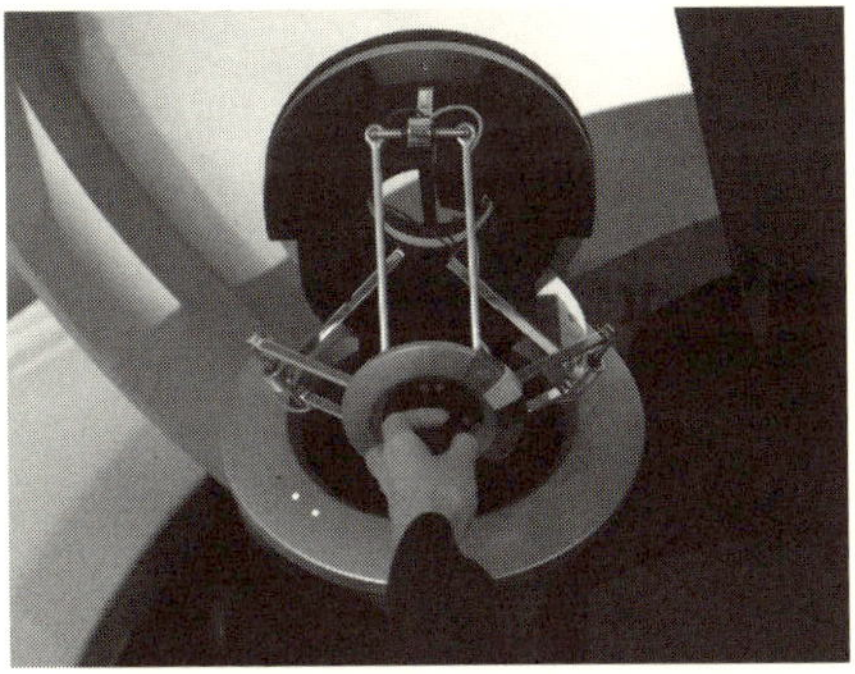

操縦桿《かん》を動かすだけで簡単に
直感的にロボットを動かせる

い環境に安住していると、その人の能力は進化せず、開花しません。

僕はロボットの開発中に壁にぶつかると、「できるかできないか」ではなくて「どうしたらできるか」をひたすらに考えます。

このように発想すると、デメリットだったはずのものがメリットに変わり、すべてがプラスになるような解決策が浮かびます。できるか、できないかで悩んでいても、物事は前にも後ろにも進まない。

悩みはとりあえず脇に置いて、「どうしたらできるか」を想像する。一度でも成功のイメージが思い描ければ、目の前のピンチが実は大きなチャンスに繋がっていることに気がつくはずです。

技術は「使われ方」を示すべき

「ハル」と「ハルクⅡ」の常設展示は、ロボット技術の発展にとって大きな意義のあることです。多くの人が「最新のロボットに触れて自ら動かす」という経験を通じて、直感的にロボット技術の魅力を感じ取ります。

その効果は、一～二時間の講演を聞くよりもはるかに大きなものです。新しく登場した技術は、世の中に対して、どういう使われ方ができるのかを提示しなければなりません。

例えば携帯メール――。その技術自体は昔からありましたが、開発された当時に電車の中でピポパと使っていたら、相当な違和感があり、世の中には受け入れられなかったはずです。人々がまだメールに馴染みのなかった十年前に登場していたならば、これ程までには普及しなかったと思います。

それが、いまやお年寄りから小さなお子さんまでが使いこなし、暮らしに欠くことのできないインフラになっています。

技術は使われながら浸透していくものです。

「ハルキゲニア01」や「ハルクⅡ」のような、人々が見たこともない移動用ロボットを三〇〇万円で発売したとしても、買う人はほとんどいないでしょう。

なぜならば、文化としてロボットが道路を走るような世の中になっていないからです。しかし、日本科学未来館で「ハル」と「ハルクⅡ」に触れた子どもたちは、次世代のロボットが登場してもすんなりと迎え入れてくれることでしょう。

また、多くの方々に触っていただくことで、僕たち技術者は製作したロボットの改良点をピックアップして、次のプロジェクトに向けた改善点や、求められる現場のニーズを摑むことができます。

優れた技術をきちんと製品に落とし込むところまで考えていくことも、技術者の重要な使命だと僕は考えています。新しい技術は、まず世間に受け入れられなければならない。その土壌をつくり、育んでいくのも技術者の仕事の一つです。

技術の浸透にはプロセスがあり、文化的な背景、ライフスタイルの変化といった裏付けがなければ進んでいきません。

三〇〇〇万円のロボットを解体させる

そこで、僕が取り組んでいる試みが「ロボット解体ライブ」です。その名の通り、ロボットを解体するライブで、主な対象は、下は六～七歳から上は中高生まで。多くの人々に最先端のロボット技術に触れてもらうことが目的で、全国各地の学校などを巡回しながら定期的に開催しています。多い年には年間一〇〇校以上の模擬授業を行い、通算で三万人以上の生徒が参加しました。

ライブでは、その日やってきた子どもたちにロボットを解体してもらいます。

解体するロボットはどんなものか？

部品代だけで一台三〇〇〇万円、人件費を入れると億単位のコストをかけた「モルフ３」という二足歩行の人間型ロボットです。本書の後半で詳しく説明しますが「モルフ３」は、ジュラルミンから削り出した特注ボディに、一四個のコンピューター・モジュール、一三八個のセンサーを搭載しています。

「ｆｕＲｏ」にも実機は二台しかありませんから、子どもたちに解体してもらうのはなかなか大胆な試みですが、「本物に触れること」は、一冊の技術書を読破するよりもはるかに大きな経験になります。

僕は子どもたちに向かって、壇上から語りかけます。

「僕はこれを解体するのに飽きちゃった。今日は、会場に来てくれたみんなの中から誰かにバラしてもらおうと思っています」

子どもたちはロボットが三〇〇〇万円と聞いてもきょとんとしていますが、「解体して欲しい」と伝えると、目をキラキラさせて手を挙げてくれます。

代表して解体してくれる子どもを選んだら、精密ドライバーを渡します。いよいよ「モルフ3」の解体ライブの始まりです。

解体の手元の様子はスクリーンに映し出され、僕は子どもたちを少しだけ手伝いながら、ロボットの構造を説明していきます。足、胴体、胸部、頭部。部位が変わるたびに、新たな代表者に壇上へ上がってもらい、どんどん解体していきます。

完全に解体が終わったら、各パーツを広げて、解体できなかった子どもたちにも自由に触ってもらいます。これまでの最年少の解体担当は四歳の男の子でした。「ロボットは好き?」と聞いたら、「すきー!」と元気よく答えてくれたのを覚えています。

このライブで「モルフ3」の解体をしたり、パーツに触れた子どもたちの中の一

解体ライブはいつも大盛況！

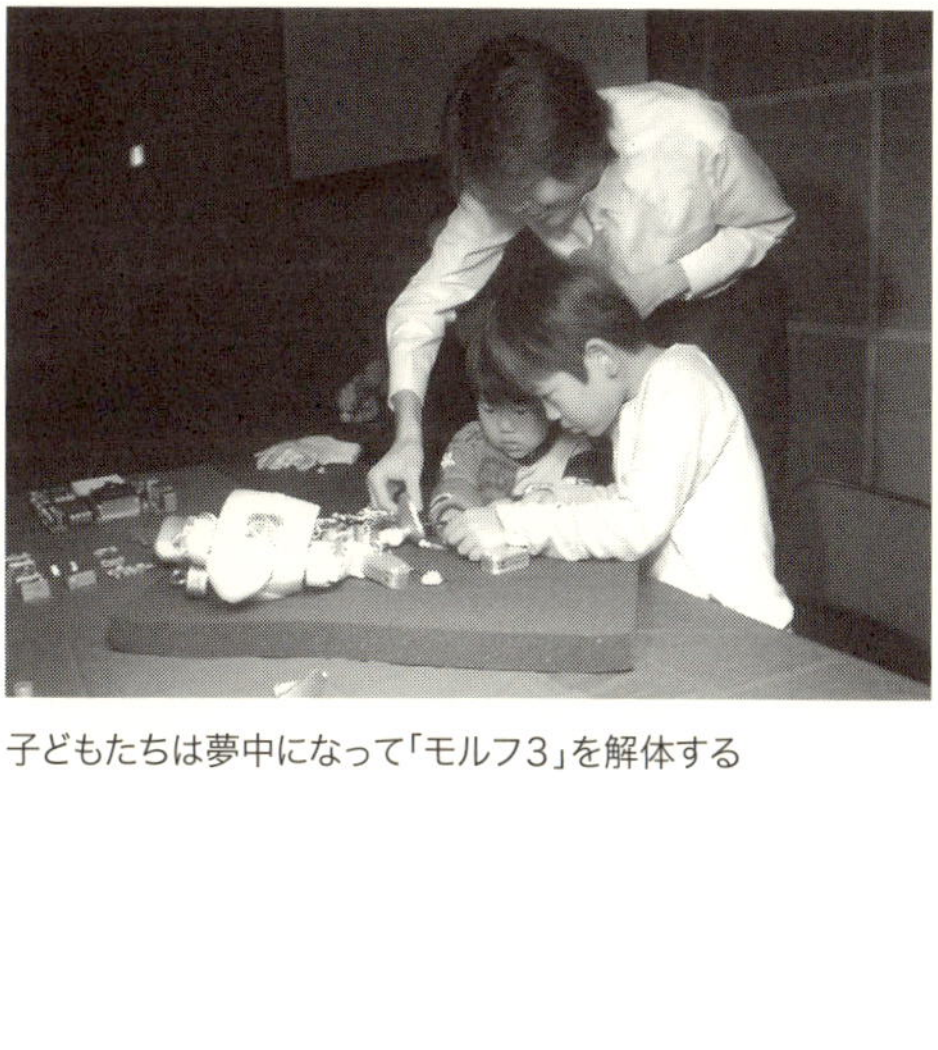
子どもたちは夢中になって「モルフ3」を解体する

人でもロボット研究に興味を持ってくれたら、それは未来に繋がる。
これもまた、未来をつくる仕事だと思っています。

意欲をサポートする技術をつくる

現在、日本のロボット研究は基礎研究の段階を過ぎて、世の中で使用されるロボットを開発するフェーズに入っています。「ハルキゲニア01」「ハルクⅡ」もその流れに位置するロボットですが、その一方で、役に立つロボット技術を転用した製品も次々と登場しています。

例えば、被写体の笑顔を認識してシャッターを切るデジタルカメラ。

あれは「ロボットの目」の技術を使ったものです。皆さんの家にあるエアコンにもロボット技術は活用されています。リモコンに温度センサーを搭載して、本体と通信する。部屋中に冷たい空気を送りながら、冷え過ぎている場所には、直接風が行かないように調節する。

このセンサー技術もロボット技術が応用されたものです。

他にも、ホンダが発表した自立する電動一輪車の「U3―X」は二足歩行ロボットの制御技術を転用したものです。

僕はこれまで様々な機会に「自分の仕事は未来をつくることだ」と語ってきましたが、イメージしている未来は、便利なだけの無機質なロボットがいる世界ではありません。

また、いま以上に便利な社会を追求する必要もないと考えています。

人間型ロボットが、人に代わって「上げ膳下げ膳」のサポートをしてくれる未来。そこに生きる喜びや充実感があるのか――。

そう考えたとき、僕は違う形の未来を求めます。

例えば、僕は足が悪いときにボランティアのお兄さんに背負われて、山へ連れて行ってもらったことがありました。そのときに、強烈に印象に残ったのは「山登りは自分の足で行くから楽しい」という思いです。

他人の背中越しに見える山々の景色は、どこか悲しく、色褪せて見えました。

これからの未来では、医療はますます発達して「超高齢社会」を迎えます。するると、首から上は元気だけれど、首から下の肉体は衰えていて「やりたいことができない」という人が増えてくるかもしれません。


僕は、その「やりたい」という気持ちを動きに変換できるのがロボット技術だと思っています。

身体が不自由になって痛感したのは「かわいそう」と同情されることの切なさです。自分で車椅子の車輪を回せるのに「手伝いましょうか」と声がかかり、返事をする前に押されてしまう。

その気持ちは嬉しいのですが、同時に「こんなこともできないと思われているんだ」という敗北感も感じました。

もし、人間型ロボットが人々の失敗を未然に防ぐような働きをする未来がやってきたとしたら、僕が車椅子時代に感じた切なさに、多くの人々が苦しめられることになるでしょう。

やりたいことを、自分の力だけでやり遂げたい。

ロボット技術は、人を能動的にするものであるべきです。

特に福祉の分野では「ロボットを使った介護の自動化」という話題が議論されていますが、僕は絶対に反対です。

すべてをロボットが担ってしまうと、福祉の現場は「人間を扱う工場」になってしまう。ロボット技術は、あくまでも「こうしたい」という人の意欲をサポートする技術です。

介護をするロボットをつくるのではなく、要介護者をサポートするという視点に立ってロボット技術を使っていくべきだと僕は考えています。

不自由をなくすための技術革新

皆さんは未来のロボットと聞いたとき、どんなものを想像しますか？

アトム、ガンダム、エヴァンゲリオン。偉大な作品群の影響で、ついつい人間型を想像してしまいます。実は、最前線でロボット研究をしている技術者も同様です。昔もいまも、ロボットに憧れる入口には人間型ロボットがいます。

しかし「ロボットの未来は人間型にある」と決めつけてしまうのは、大間違いです。僕の定義ではロボットは「感じて、考えて、動く」賢い機械の総称です。ソフトウェアとエレクトロニクスとメカニズムの集合体がロボットであって、人間の形をしたものだけを指してロボットというわけではありません。

ですから、人の動きを感知して照明が点《つ》く玄関も、自動でドアが開閉するエレベーターも、自動で駐車する機能の付いた自動車も、「感じて、考えて、動く」以上は「ロボット」です。

ポイントは「認識と認知」「考えるための人工知能」「動くための運動制御」という三つの技術が備わっていることです。

そして、もう一つ。未来のロボットを考えるときに欠かせないキーワードがあります。

それは環境です。未熟な技術は、自然環境を破壊します。移動するための道具としての自動車は優れた技術ですが、完璧ではありません。まだまだ未熟な部分があり、変えていくことができます。

これまでの文明は、自動車が走りやすくなるように地面を掘り起こして道路をつくり、自然環境を破壊してきました。その対価として交通インフラが整い、我々は多くの恩恵を受けています。

しかし、この技術の行き着く先は「自然による人間の淘汰《とうた》」です。いまある技術で便利さを追い求めるのではなく、これからは自然環境と共存できる技術をつくり出していくことが大切です。

技術のために、環境を従わせるのではなく、環境に技術を合わせる。

自然環境も破壊しない。

そのうえで、人の不自由をなくす。

ロボット研究者として僕が目指すのは、そのような技術革新です。

第二章　本質は見えない部分に宿る

インドで過ごした幼少期

僕が最初に出会ったロボットは「鉄腕アトム」です。ちょうどテレビがモノクロからカラーに切り替わる時代で、モノクロのアトムを見た最後の世代だと思います。「鉄腕アトム」を楽しみにしていた二歳の僕ですが、父親の仕事の関係で、七歳までの五年間をインドのニューデリーで家族と共に過ごすことになりました。

インドは貧富の差が大きく、またカースト制度が厳然と存在する国です。カーストの上位の子どもたちは学校に通いますが、下位の子どもたちは学校に通うことさえできない。僕は、幼いながらも不条理な現実があることを学びました。

いまから振り返ると、インドはとても過酷な土地でした。水道の蛇口をひねると流れてくるのは、砂利の混じった真っ赤な水。煮沸して初めて飲めるものです。トイレも当然のことながら汲み取り式でした。

しかし、幼い僕は、インドでの暮らしがスタンダードになっていたので、疑問を感じることもなく、不便さや違和感を覚えることはありませんでした。

また、インドの公用語は、英語とヒンディー語です。僕も自然と話せるようになり、インドの国歌を二カ国語それぞれで歌っていたと後に親から思い出話を聞かされたことがあります。

最初に通った学校は、アメリカンスクールの幼稚園です。その後は、日本人小学校で勉強しました。インドの幼稚園は完全なスパルタ教育です。特に数学教育は徹底していて、小学生時代から二桁の掛け算を容赦なく丸暗記させる。覚えられない子は、先生に厳しく叱られます。

けれども、全体としては「他人と違うことが素晴らしい」という個性を尊重した教育方針でした。生徒たちも排他的なところがなく、僕は彼らとは肌の色が違いましたが指摘されることもなく、いじめもありませんでした。

僕はインドの教育方針で育ったために、後に帰国してからは、「みんな一緒」に価値を見出す日本の学校教育で苦労する原因にもなりました。

◯本質は目に見えない部分にある

また、インドでは、人生において大きな影響を受けた人物との出会いがありました。それは、ニューデリーの日蓮宗のお寺で修行をしていた日本人の高名な僧侶藤井日達《にったつ》上人です。

後々、ノーベル賞候補にもなった方ですが、僕がお寺に遊びに行くとリンゴやバナナを出してくれる気さくな優しい人で、僕を「最後の弟子」と呼んで可愛がってくれました。この空間がお気に入りとなった僕は、毎日のように、正座しながら説法に耳を傾けました。

彼の説法は、大変に印象に残りました。

「人の目に見えるものは、ほんの一部でしかない。
本質は目に見えない部分にこそある。
目に見えない部分を大切に生きなさい」

幼いながらに、自分の生き方と照らし合わせて考え込みました。

僕は鉄腕アトムに惹かれて、ロボットに興味を持っている。

アトムは凄い。でも、本当に凄いのは、ブラウン管の中で飛び回っているアトムだろうか？　アトムをつくった天馬博士と、壊れたアトムを修理できるお茶の水博士じゃないか？

博士たちがいれば、一〇万馬力のロボットを何台もつくることができる。そんな高性能のロボットを製作できる博士こそ、平和と正義に貢献しているんじゃないか？

そう気がついたわけです。

これが、藤井日達上人が教えている本質に違いない！

アトムとの出会い。そして、藤井日達上人との出会い。「ロボット研究者になる」という僕の将来の夢は固まりました。

「本質は見えない部分にこそある」という説法は、僕の人生における原理・原則、物事と向き合うときの基本姿勢になっています。

どうすれば空を飛べるだろう？

僕は子どもの頃から「やってみたい！」と思うと、実験をせずにはいられない性分です。いまでもよく覚えているのは、インドにいた三歳の頃のことです。

ウルトラマンにも憧れていた僕は、心の底から「ウルトラマンのように空を飛びたい！」と願っていました。年齢の離れた姉に「どうしたら飛べるかな？」と相談すると、姉は「インドに来るとき、飛行機に乗ってきたでしょ？　もう空を飛んだじゃない」と答えます。

僕は納得できませんでした。たしかに空を飛んだ。でも、あれは飛行機が飛んだのであって、僕が飛んだのじゃない。そうだ、試してみよう……。

そう考えた僕は、空を自由に飛んでいる鳥を参考にしました。

「僕と鳥の違いは何だろう？」と観察して、羽の存在に気がつきました。早速、家の中に飾ってあった孔雀の羽でできた大きな団扇《うちわ》を二本、背に差し込みます。

これで飛べるに違いない！

そう確信して、高い所から飛び立とうと家の中を見回しました。二メートル程の高さのあるタンスに目を留めて、引き出しを下から開けて階段のように登り、タンスの上に立ち上がります。

三歳児にとって、二メートルの高さはなかなかのものです。しかも、インドの家は石造り。下手な落ち方をすれば無事では済みません。しかし、僕は空を飛ぶことに夢中でした。「必ず飛べる！」と信じ切って、タンスから滑空しました。

結果は、当然のことながら墜落です。ところが、思い切りよくジャンプしたことが幸いして、僕はベッドに落下しました。

このとき、悪いほうへ人生の歯車が回っていれば、石造りの床に頭を打ちつけて死んでいたかもしれません。あるいは、大きな怪我をしていれば、それに懲りて実験好きな性格にはならなかったでしょう。

大きな音に驚いた父が駆けつけて、僕の試みは発覚しました。父は危ないことをした点についてはひどく怒りました。しかし、空を飛ぼうと思ったこと、鳥を観察して羽があればいいと思ったことを話すと笑って許してくれました。

◎「仕組みを学ぶこと」の大切さ

僕の家系は、安土桃山時代の武将であり茶人であった古田織部の血筋にあたるそうです。陶器の「織部焼」の由来にもあるように、古田織部は「奇抜な形・文様の茶器」を好む人でした。

ですから、「可能性を追究すること・挑戦すること」への探求心が先祖から受け継がれているのかもしれません。

鳥の羽を背に差しても飛ぶことはできないと身をもって体験した僕は、次に「どうすればできるか」を考えました。ヒントは、ウルトラマンの中にありました。そういえば、ウルトラ警備隊の飛行機は、火を噴きながら飛んでいた……。「これだ！」とひらめきました。

しかし、父からは「危ないことをしてはいけないよ」と怒られたばかりです。自分の身体に火をつけるのは危ない。そこで、他の手段で実験することにしました。「紙飛行機に火を噴かせる仕組みを取り付けよう」と考えたのです。当時のニュー

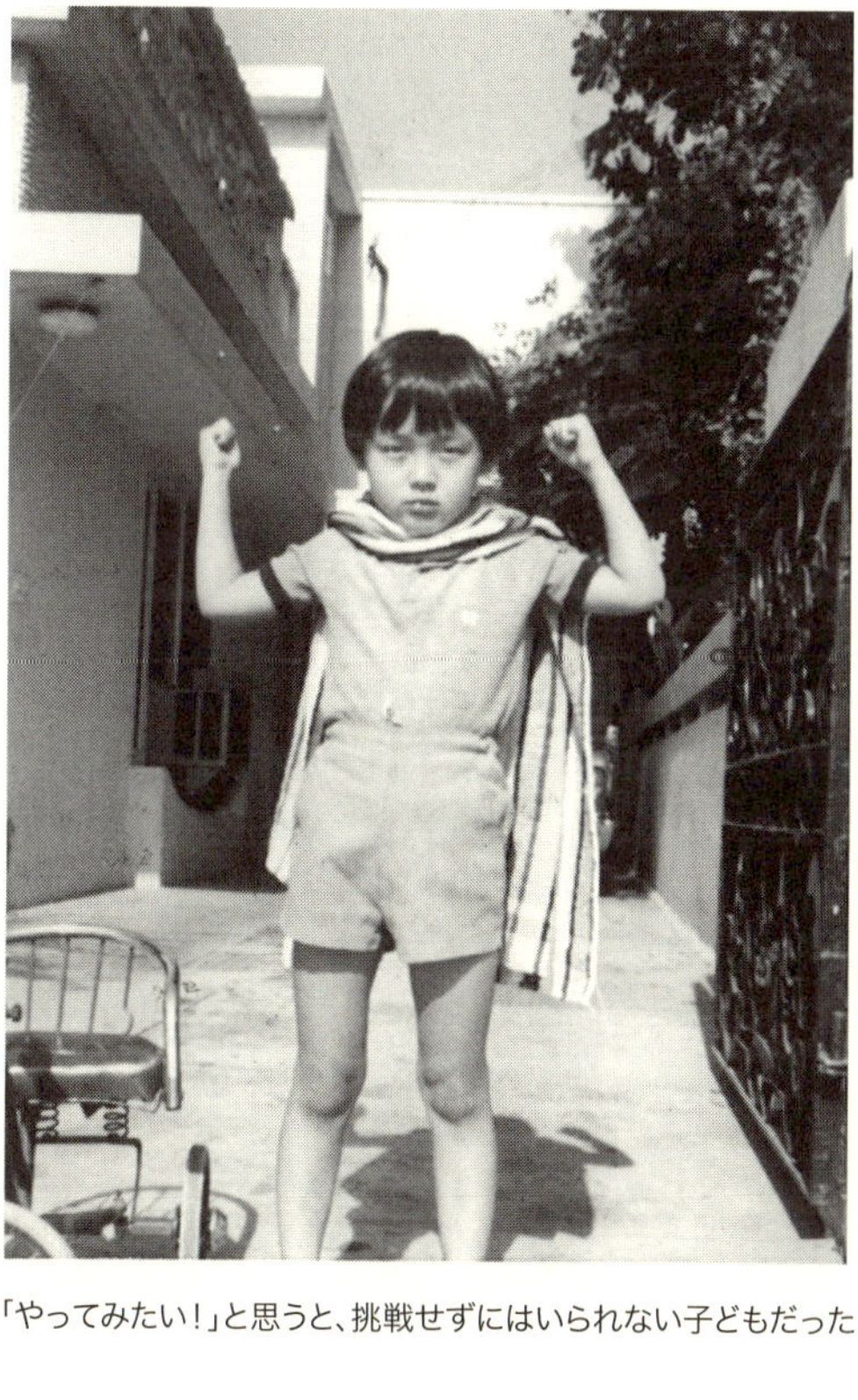

「やってみたい！」と思うと、挑戦せずにはいられない子どもだった

デリーは頻繁に停電が起こる街で、マッチとロウソクが必需品。僕は大きな箱に入っているマッチを何十本も取り出して、ロケットエンジンのつもりで、セロテープで紙飛行機の後部に取り付けました。

完成した実験機を持って庭に出るとマッチに着火。同時に実験機を空に投げ上げました。ビューンと飛んで行くはずの紙飛行機は、乾燥した芝生の上に墜落します。芝生は勢いよく燃え上がり、野焼き状態に……。

幸いにもインド人の庭師が気がついて消し止めてくれましたが、直径三メートル程のミステリーサークルが残りました。


そのときも父は僕を叱りませんでした。それどころか「面白いものを見せてやるよ」と、竹ヒゴをロウソクで炙《あぶ》って曲げて和紙を貼り、エアプレインという模型飛行機をつくってくれたのです。

機首部分に付けたフックに輪ゴムをかけて引っ張り、ゴムから手を放すと、エアプレインはすーっと空を飛んでいきます。

その美しい軌道を眺めながら、「きちんと仕組みを学べば、空を飛ばすことができるんだ」と感動しました。いま振り返ると、この日の経験は、僕がエンジニアに憧れるキッカケをつくってくれたように思います。

日本独自の価値観にカルチャーショック

いまでこそ、仲間と共に「ｆｕＲｏ」というチームを運営している僕ですが、二十代後半まで「周りは敵ばかり」と、誰も信頼できませんでした。

友だちはいらない。

同じ研究をしているメンバーは打倒すべきライバル。

大勢の人々とコミュニケーションを取ることは、面倒で無駄な時間。

「自分の力こそがすべて」と、頑に信じていました。

そう考えるようになった理由は、日本の小学校にあります。七歳までインドで過ごした僕は、父の転勤に合わせて日本に帰国しました。そこで待ち受けていたのは、何もかもがきちんとしている異文化の国・日本。カルチャーショックの連続に戸惑う日々の始まりでした。

インドは、良くも悪くも「他人と違うこと」に価値を置くカルチャーです。学校も皆それぞれが、自由に言いたいことを言い合う雰囲気。日々の暮らしも、時間の流れものんびりとしています。

ところが、日本はすべてが整っていて、忙《せわ》しない。

転入した小学校の朝礼には、本当に驚きました。

生徒全員が「前に倣え」で整列をする。校長先生の話を「気をつけ」の姿勢で聞く。私語をする生徒は先生に叱られ、列が乱れると同級生は嫌な顔をする。

「まるで軍隊みたいだ」と思ったのを覚えています。

教室に入って授業が始まり、先生が「わからないところはありますか?」と聞いても、僕以外は誰も挙手をしません。算数や理科の授業では「教わった以外の方法」で答えを出すと、正解であっても先生にやり方を正される……。

ニューデリーの日本人学校では「貴之くん」「○○ちゃん」と呼び合う習慣があっ

たので、僕がクラスの女の子に「〇〇ちゃん」と呼びかけたら、他の男子から冷やかされる。異分子を爪弾きすることに関して子どもは残酷です。周りとは違うことをすると、すぐに白い目で見られました。


人と同じ答えを出すこと。

皆に合わせること。

オリジナリティは歓迎されないこと。

クラスでは、自分一人が浮いている感がありました。

驚くのと同時に、幼いながらに自分が培ってきたものへの自信を失っていきました。そして、日本独自の価値観に出鼻を挫かれた僕は、自分の殻に閉じこもるようになり、一人で過ごす時間が増えていったのです。


成績も、図工と体育以外は「オール1」です。それもそのはず、僕は日本に帰国するまで、ペーパーテストを受けたことがなかったのです。初めての給食では、スープにゴボウが入っているのに驚き、家に帰って母に「日本では木の枝を食べるの？」

と聞いたこともありました。

とにかく、カルチャーショックは予想以上のものでした。

設計図を描けるようになりたい！

僕は子どもの頃の経験から、人見知りをする人や、ひきこもってしまう人の気持ちがわかります。例えば通学路を歩いていて、何メートルか先にクラスメイトが二人歩いていたとしましょう。こちらから声をかければ、友だちになるきっかけが生まれるかもしれません。

でも、もしも声をかけて無視されたり、困った顔をされたら……。傷つくことになるし、怖いし、面倒くさい。そうすると「ああ、クラスメイトが歩いているな」と思いながらも、やり過ごしてしまう。

僕の小・中・高校生時代は、そのように過ぎ去っていきました。

とりわけ、人見知りが激しかったのは小学生の頃です。僕にとって放課後とは常に一人で過ごす時間でした。家に帰って、ひたすら漫画を読み、アニメを見る。テレビでは「マジンガーZ」「ボルテスV」「コンバトラーV」「宇宙戦艦ヤマト」と、ロボット博士が登場するアニメの全盛期です。

学校で友だちができず、いまで言う「ひきこもり」になった僕を見て、母はまずいと思ったのか「欲しい」と僕が言うままに、プラモデルを買ってくれました。

プラモデルづくりに明け暮れる日々——。

ところが、九歳のときに転機が訪れます。

「プラモデルは、誰がつくっても同じものが完成するように設計されているんだ！」

そう気がついた途端に、あれだけ熱中していたプラモデルづくりを空しい遊びだと感じるようになったのです。

アニメに登場する憧れの博士たちのように、自分で設計図を描けるようになりたい！

決意して足を向けた先は図書館です。設計関連の棚から、最も分厚くて立派な表紙の本を選んで引っ張り出して貸出窓口へ持っていくと、係の女性が戸惑った顔で話しかけてきます。

「君は小学生でしょう?」

「はい」

「この本は難しい漢字で書いてあるけど読める?」

「これから勉強します」

借り出したのはJISの「機械製図」の規格書です。

「エンジニアのバイブル」的な一冊であるこれらの本には「機械設計製図者に必要な工作知識」「幾何画法」「締結用機械要素の設計」「軸、軸継手《じくつぎて》およびクラッチの設計」などが記されています。間違いなく小学生の読む本ではありません。


ところが不思議なものです。読めない漢字を飛ばしながら、何度も同じページを眺めていると内容が頭に入ってきます。図版も多く、厚紙、工作用のプラスチック、割り箸などを使って真似をすると、似たようなものがつくれます。

次第に、オリジナルの設計で物をつくることが楽しくなり、プラモデルにはまったく興味を示さなくなりました。バルサ材と角材で変形する飛行機の模型をつくったり、自分のやりたいことを形にする喜びに目覚めたわけです。

学校の図工の授業で、厚紙を使った作品をつくるという課題が出たときは、自分で設計図を描いて、ドイツの古城ノイシュヴァンシュタイン城を再現したビー玉入れを作成しました。学校に持っていくと「すごい」と褒められて、とても嬉しかったのを覚えています。

その結果、図工だけは五段階評価の「5」でした。とはいえ、僕にとっては学校で過ごす時間よりも、家で自分の発想を形にしていく時間が一番幸せでした。ひきこもり気質は変わらなかったわけです。

「手を動かすこと」から学んだもの

自分で設計図を描くようになってから、それまで以上に熱中したのは完成品を分解することです。ありとあらゆる動いているものの仕組みが気になって仕方がありません。おもちゃ、時計、洗濯機、テレビ、冷蔵庫……。

その点、僕の祖父はとても気前のいい人でした。子どもの頃の僕は好奇心の塊《かたまり》で、おもちゃ屋さんに行くと「あれも欲しい。これも欲しい」と止まりません。

祖父は孫かわいさからか、全部を買ってくれる。僕はニコニコしながら家に帰り、早速おもちゃを取り出します。

「格好いい」と眺めた後は十分程で解体していきます。おもちゃそのものも好きでしたが、それ以上に内部の仕組みを見ることが大好きでした。

合体する超合金、ぜんまい仕掛けの時計、ラジコン。何から何まで分解する。そのうち、おもちゃで飽き足りなくなった僕は、こっそりと家電製品の分解も始めました。

組み立て直すことに成功するときもありましたが、ほとんどの場合、ネジ一本、ビス一本は余ってしまい、いつ壊れるかとひやひやすることに……。それでも祖父は一度も怒らず、好きにさせてくれました。周りの大人は「甘やかしている」と考えていたかもしれませんが、僕にとってはかけがえのない人でした。

この頃の体験は、僕の機械設計の基礎になっています。学生になってから学問で機械設計を学んだ人と違い、自分の手を動かしてあらゆるものを分解して組み立て直した経験があると、頭の中で作業をシミュレーションできるようになります。

最近の機械設計では、コンピューターを使ってCADで設計図を描くことを習います。力学の強度計算までコンピューターがしてくれます。仮に、あるロボットをつくりたいという話になれば、三日、四日かけてコンピューター・シミュレーションを行うケースが主流です。

けれど、僕は完成品をイメージしてかなりの確率で正確な数値を予測することができます。直感的に、この材質はこれぐらいの力がかかったら壊れるということを感じ取れる。人は実物を触ったときに、年齢に関係なく、肌で学び取るものがあります。

町工場を経営していた祖父は「自分と他人の心を傷つけることだけは、絶対にやってはいけない」と教え、それ以外の場面では「駄目だ」「やめなさい」という言葉を使いませんでした。

大人は、それまでの経験から得た知識で、子どもが何かを分解すれば、それが使えなくなる可能性が高いことを知っています。そのために「壊しちゃいけません」と子どもに結果を教えようとする。

しかし、好奇心の赴くままに物事と向き合ったときこそ、人は本当に多くのことを学び取っていくものです。

僕は、何を分解しても怒らなかった祖父から「好奇心の芽を摘んではいけない」ということを教わりました。その教えは、所長として研究員や学生たちと接する土台になっています。

「叱る」のではなく「一緒に考える」

他にも小学校の授業ではいくつもの衝突がありました。思い返すと、僕が子どもだったと感じますが、当時は必死の自己防衛でした。

インドから帰ってきて日本に馴染めない自分を否定するのではなく、学校がおかしいのではないか――。そう考えていました。

当時、先生たちの振る舞いを見て気づいたことがあります。それは人の叱り方です。学校では、なんとなく生徒から嫌われている先生が何人かいました。「その共通点はどこにあるのだろう?」と思い、ある日から観察を始めました。

すると、嫌われている先生は共通して「自分のために」生徒を叱っていたのです。

些細なことでもいちいち怒鳴りつけて、自分を大きく見せようとする。

自分のプラン通りに物事が進まなくなったとき、生徒のせいにする。

こういう態度を取ると、人は信頼や人望を失ってしまいます。

大切なことは、相手の話を聞き、親身になって考えていくこと。

上に立つ立場の人が、「自分のために」という判断基準でいるのか、それとも「相手のために」を原則にしているのか。

その差が人望という結果になって表れてきます。これは社会に出てからの上司と部下の関係でも同じことが言えるでしょう。

自分よりも弱い立場の人を叱りつける人間は、他人に偉く見られたいと思っているもの。また、叱りつけることで責任を押し付けて、苦境から逃れようとしているものです。

しかし、取り組んでいるプロジェクトを前進させたいと願うなら、叱りつけるよりも、どうしたら前に進むことができるかを考えるべきです。部下と一緒に考えて、苦境から脱する方法を探っていく。すると、部下は責任感を持つようになります。

理由はどうあれ、人を叱ることは相手の自尊心を傷つけます。信頼関係も失われてしまいます。こうした本質は教室でも職場でも変わらないと思います。

エンジニアにとって最も大切な資質

日本に帰国して、小学校、中学校、高校と過ごす間、多くの教師は「あれをしなさい、これをしなさい」と言い続けました。おとなしく従う生徒も大勢いましたが、先生は将来の人生を保証してくれるわけではありません。

教師の多くが事細かなアドバイスをするのは、自分の価値観で物事を判断しない生徒のほうが教育しやすいからであり、大学に何人が入学したという実績が欲しいから。あくまで自分たちのためです。

子どもの頃に自然に持っていた好奇心を奪う一方で、わかりやすい目標や「みんな」の感覚からはみ出さない夢を与える。日本の教育は、エンジニアに最も大切な資質の一つである好奇心をそぎ落としていきます。

僕はロボット解体ライブなどで学校を回るようになってから、日本の教育が内包している弊害をはっきりと感じるようになりました。イベントにやってくる幼稚園児、小学校低学年の子は目をキラキラさせて、「あれやりたい！　これやりたい！」と賑やかです。

ロボットを取り出すと「見せて、見せて！」と大歓迎。壇上に上がり、ロボットの解体を手伝ってくれる人を探すときも「はーい。僕がやります！」と大騒ぎです。まさに好奇心の塊です。

それが小学校四年生、五年生になると、がらっと変わってしまいます。「将来は何をやりたいの？」と聞くと、もじもじした後に「サラリーマン」「公務員」と答えます。

ロボットの解体を手伝ってくれる人……と呼びかけても、周囲を見回して、様子を伺うばかりです。

この傾向は中学生、高校生と進むにつれて強くなり、ときには会場がシラーッとした雰囲気に包まれることもあります。なぜ、子どもは年齢を重ねるうちに「物事への関心を積極的に示すこと」を恥ずかしがるようになるのか。

その問題の本質は、教育にあるのではないでしょうか。

十四歳、難病との闘い

学校でも近所でも同世代の子どもとうまく馴染めない。僕は、そんな自分に落ち込みました。泣いたこともありますが、むしろ黙々と漫画を読んだり、ものづくりに打ち込むことで心のバランスを保っていました。

そのうちに「僕は僕だし、彼らは彼ら」と考えられるようになり、他人に自分の価値観を強要するのはやめるようになり、東京での暮らしに適応しました。

ところが、平穏な日々は長続きしません。

予想外の大きな転機が訪れ、プロローグでも語った脊髄がウイルスに侵される難病を患ってしまったのです。

「生死にかかわる病気の可能性が高いです」

「この先、ずっと車椅子生活を覚悟してください」

つい昨日まで健康だった十四歳には、想像することができない状況です。

ベッドに横になると、自力で上体を起こすことができない。

思うように動かない体が悔しくて、もどかしい。

突然の発病と入院。そして病気を通じて体感したことは、インドでの生活体験と共に、僕という人間の形成に大きな影響を与えています。

結果としては、僕は「ほぼ完治しない」といわれている病気から奇跡的に回復しました。医療スタッフの懸命の治療への感謝は、言葉にできない程大きなものですが、同じ治療を受けても回復していない人も大勢います。

再び自分の足で歩けるようになり、こうしていまもロボット技術にかかわっていられることは幸運であり、奇跡だと思っています。

入院した病室では、昨日まで生きていた人が、目の前で亡くなっていきます。

六人部屋の病室で、向かい側の三人は末期ガン、隣の二人は意識を失ったまま眠っている植物状態です。

半年後には、僕を除く全員が亡くなり、入れ替わりました。

人生とは何だろう――。

僕はベッドに横たわり、天井を眺めながら考えました。

入院する前の僕は、日本の暮らしに違和感を感じたまま中学生になり、母から「起きなさい」と言われて歯を磨き、ご飯を食べ、学校の始業時刻に間に合うように家を出る。

放課後の塾が終われば一人で遊ぶ。

毎日がその繰り返しでした。

「いつか巨大ロボットをつくれたら」と憧れながら、「周りにも馴染んでいかなければいけないのかな」と考え始めた十四歳。

もちろん、まだ何一つ成し遂げていません。

しかし、人はいつか死ぬ。

そのタイミングは突然やってくる。

本人は選ぶことができない。

病院で見た現実は、僕の人生観に強い影響を与えました。

「いつかやれる、いつかつくれる」では駄目なんだ。

人生は一度きり。

いつ死ぬかわからない。

人生の本質は、自分を満足させてやること。

やりたいことをやって、死んでいくのが一番。

死の瞬間に「満足した。悔いはない」と言えるようになりたい。

僕はロボットが好きだ。

だったら、ロボットをとことんやろう。

「僕がこの世にいた証《あかし》をロボット技術で残そう」と心に決めました。


人はいつか死にます。

でも、自分は死んでも開発した技術は残る。

一瞬一瞬を全力で生き抜き、必死に自分のやりたいことを追いかける。

後世に何かを残すこと。

それが、人生を生きる意味じゃないか。

普通の日本人らしい中学生にならなくてもいい。馴染めない習慣に必要以上に馴染むことはない。自分がやりたいと思える道を進めばいい。

僕は死を間近に感じたことで、そう考えるようになりました。

「車椅子ロボット」というひらめき

入院してしばらくすると、一生歩けなくなることを前提にした車椅子の訓練が始まりました。「腕の筋力が必要だから」と、毎日ダンベル・トレーニングの繰り返しです。

周囲から「かわいそう」と思われるのが嫌だった僕は、理学療法士の言うことを聞かず、リハビリ室の中で一番重たいダンベルを使って筋トレをしました。早く病院から出て、ロボット技術の勉強に取り組まなくては……と焦っていたのです。

しばらくすると外出許可も出るようになり、僕はロボット開発のイメージを膨らませるため、通い馴れた秋葉原へ車椅子で出かけました。

当時のＪＲの駅はエレベーターが未設置です。ホームへ上り下りするには駅員さんに車椅子ごと抱えてもらうか、階段に設置されている昇降機を利用するしかない。中学生の僕には、どこか気恥ずかしく、もどかしく、気持ちを落ち込ませるものでした。

しかし、車椅子で生活していく以上、人の助けを借りなければ好きな街へ行くこともできない。

この不自由をどうにかできないものか。

人の助けを借りずに一人でどこへでも行けて、階段も楽々と登れる車椅子があればいい。

しかも、車椅子が必要ない人も乗りたくなるような格好いいデザイン!!

そう思ったときにひらめいたのがプロローグでも紹介した、自立歩行する「車椅子ロボット」のアイデアです。興奮が冷めやらぬままに慌てて病室に戻り、ラフスケッチを描きました。

アニメに登場するような巨大ロボットの開発を夢見てきた僕にとって、この日は大きなターニングポイントとなりました。

不自由が不自由でなくなるような、不幸せが幸せになるようなロボットをつくれば、自分と同じ境遇の人はきっと喜ぶに違いない。

巨大ロボットも格好いいけれど、もっと身近な人の役に立つロボットの開発をとことんまでやっていきたい。

目標が定まったことで、やるべきことも見えてきました。中学生までの僕が多少なりとも身につけていた技術は、ロボットの機械的な仕組みに関する部分だけです。

しかし、自由自在に歩く椅子をイメージすると、機械以上に重要なのはロボットのあらゆる動きを制御する「プログラミング」を理解することだと気づきました。JISの「機械製図」の規格書で学んだ知識を基に、からくり人形のようなものをいくらつくっても意味はない。今後は絶対に電気とコンピューターの知識が必要になる。

徹底的にプログラミングの基礎を学びたいと思い始めた頃、NECから「TK-80」というマイコンキットが販売されていることを知りました。僕には手の届かない値段でしたが、個人でコンピューターが買える時代がやってきたのです。

一方、入院生活も半年を過ぎた頃には退院が決まりました。完治したわけではなく、「このまま入院していても、これ以上歩けるようにはならない」と医師から匙《さじ》を投げられたような格好です。

当然、車椅子生活は変わりませんが、病室を出て自由になれるという喜びは大きかったのを覚えています。

退院後、僕はなんとかして車椅子を使わずに歩きたいと思い、自宅で試行錯誤を繰り返します。


ふらつく足で強引に立ち上がる。

手すりに沿って歩く。

杖を使う。

すると、足がふらついても上半身の力さえあれば、杖をつっかえ棒のようにして歩けることがわかってきました。

とにかく必死で杖を使って歩くことを繰り返していたある日、奇跡が起こりました。ゆっくりとですが、歩けるようになったのです。

これで、中学校にも復学できる！

一年遅れで、僕は十六歳の中学三年生になりました。

僕の人生の一冊『塩狩峠』

また、この頃に人生の一冊となる本と出会いました。それが、三浦綾子さんの『塩狩峠』です。この本には、自分の悩みと重なり合う部分が数多くありました。

『塩狩峠』は実話に基づいた小説で、信夫という主人公はキリスト教に反発しながらも、そのうちに「生きる根幹」にキリスト教が入ってくる。要所要所で心を打つ場面が非常に多い小説です。

僕は、読み終えた後に「生きるとは何か」について見て見ぬふりをしていたんじゃないかと考えさせられました。


中学生の頃は、格好をつけたいものです。「格好良くありたい」という自分がいる。しかし、信夫という主人公は、とても泥臭く生きています。悩んで、悩んで、悩み続ける。

信仰とは何だろうか。

人を愛するとは何だろうか。

生きるとは何だろうか。

ひたすらに悩みます。その悩む姿勢と「自分の生き方をもって遺言とする」という言葉には心を打たれました。

ぼんやりと理解していた大切なことを、はっきりと「あぁ、そうだ」と気づかせてくれたのです。

主人公は、自らの命を犠牲にして大勢の人々を救います。この行為は美談として扱われがちですが、彼は美談を求めて行動したわけではない。「自己犠牲」として行動したのではなく、彼は「そういう生き方」をした。「自分のため」に線路に身を投げ出したのだと、僕は思います。

また、『塩狩峠』からは「身分を超えた平等を求める姿勢」「約束の大切さ」「心が言葉ににじみ出て顔に出て人に通ずる」という考え方など、多くのことを学びました。

この本は僕の原点であり、「どういう生き方をすべきか」のバイブルです。

プログラムと電子回路を独学

歩けるようになって何よりも嬉しかったのは、一人で出かけられるようになったことです。

放課後は秋葉原へ行き、車椅子ロボットに使える部品を探し回りました。モーターやセンサーを買い求めて自分で工夫を重ねていると、この技術の延長線上で「車椅子ロボット」ができるはずだという予感がしたものです。

また、両親には「プログラムの勉強がしたい」とポケットコンピューターの購入をお願いしました。通称「ポケコン」と呼ばれ、電卓を少し大きくしたサイズのマシンは、「BASIC」や「C言語」を操ることができる、プログラミングの基礎を学ぶのに最適な入門機です。


最初は、ゲームのプログラムから始めて次第に知識を深めて、パソコンとロボットを繫げばコンピューターで制御が可能になることを学びました。また、無線発信機の電子回路の自作を始めたのもこの頃です。放課後の秋葉原巡回コースは徐々に広がっていきました。

死ぬことに直面して、考えを改めてからはすべてがシンプルになりました。学校の勉強は、できたほうが自由でいられる。それならば勉強して成績を上げよう。目標を設定したら、そこに到達するためにどうしたらいいかを逆算する。

その繰り返しが、ロボット研究者に辿り着く最短ルートだと確信を持ちました。


ポケコンでコンピュータープログラムを独学して、電子回路の勉強もする。ラジコンの車が動くのは、人間が操作しているからです。急発進させてもタイヤがスリップしないのは、人間がラジコン操作の力を加減して制御しているからです。

コンピューターの指令だけでラジコンを制御できるかというと、とてもできない。つまり、独学を進めれば進める程、「車椅子ロボット」をつくるためには、もっと高度な運動制御や人工知能、さらには画像処理技術等を身につける必要があることがわかってきたわけです。僕は、この道を究めるために大学受験に備えるようになりました。


そして、高校を卒業するその年。

最前線でロボット研究を続ける科学者がアメリカから帰国して、青山学院大学の理工学部に所属するという情報を手に入れました。その人は富山健という研究者で、カリフォルニア大学でシステムサイエンスを学び、テキサス大学やペンシルバニア州立大学などで教鞭《きょうべん》を執っていました。

僕は「富山先生の下でロボットについて学びたい」と考えて、青山学院大学への進学を決めました。

◎人生の目的は自分の中から掘り出すもの

病気の経験から学んだのは、「人生が充実したものであったか」は、一瞬一瞬、どれだけ自分のやりたいことを実現できるかにかかっているということです。

基準は何でも構わないと思います。

「一生に何人の女性を口説いたかがすべてだ」と語る人もいるでしょうし、「どれだけの財を成したかが重要だ」と考える人もいるでしょう。

それが、たまたま僕の場合はロボットだったわけです。

死後もしっかりと残るような技術を生み出すこと。

ロボットで、世の中に貢献すること。

余命宣告を受ける病気を経験したことで、この二つが僕の人生の目標だと、はっきりと自覚できました。それはとても幸運なことです。

多くの人々が、「人生とはなんだろう?」と悩みながらも考え抜くことなく、先へと進んでいきます。そのまま年齢を重ねて、六十代、七十代、八十代と死を間近に感じたとき、大慌てで「やりたいこと」を探しても、失われてしまった実行力を取り戻すことはできません。

僕は十四歳で死を間近に感じ、考え抜く機会を得たことで、人よりも早く「覚悟」を定めることができ、準備を進めることができました。

これはいまも感じることですが、多くの人々は「人生で何をしたいか」ということについて、あまりにも受け身すぎるのではないでしょうか。

学校に行っている間にも、企業で仕事をしているときでも、少しずつ自分のための時間をつくることはできます。人生の目的は誰かが与えてくれるものではなく、自分の中から掘り出してくるものではないでしょうか。

少しずつでも目的へと近づきたいと願うならば、何かが起こるのを待つ受け身の姿勢や指示待ちはやめたほうがいいと思います。

もし、目的を掘り出すことに苦しんでいるのならば、現在所属している世界とは違う文化や技術を見て回り、それを少しずつ取り入れて自分に刺激を与えれば、きっと心が動く瞬間がやってくるはずです。

おぼろげながらも目的が見えてきたら「そのためにベストを尽くす」という生き方をしていくことが重要です。僕自身、目的のためには手段を選びません。

もちろん、「手段を選ばない」にはルールがあります。

人道に反することはしない。

正義に反することはしない。

努力を惜しまない。

プライドも捨てて泥まみれにもなり、周囲が呆れるぐらいに目的に食らいつく。

つまり「どんなことでもするという覚悟」を持つことです。

知識は道しるべになり、自分の財産にもなりますが、本質ではありません。大切なのは経験を通して感じ取った知恵です。人からもらった知識は、あくまでも知識であって、自分の経験から身につけた「本物の知恵」を超えるものではありません。

第三章　人を動かす

◆いますぐに研究室で勉強したい！

一九八八年、青山学院大学の理工学部機械工学科に入学した僕は、すぐに富山健教授の研究室で勉強できるものと思い込んでいました。

ところが、当時富山研究室があるのは世田谷キャンパスで、一般教養課程の一、二年生が通うキャンパスは神奈川県厚木市です。四年生になるまで研究室には所属できないことを知りました。

しかし、「四年生になるまでは待てない。少しでも早く富山先生の下で勉強したい」と考えた僕は、富山先生に「いますぐに研究室で勉強させてほしい」とお願いをしたのです。

本来は四年生にならないと入れない研究室に紛れ込んだ僕を見て、上級生たちは驚いていましたが、富山先生は鷹揚《おうよう》な方で「本当は良くないけれど、とにかく勉強したいと言ってるんだ。いいじゃないか」と受け入れてくれました。

それからの三年間は、上級生に混じってロボットに必要となる要素技術、運動制御、人工知能、画像処理の知識を蓄えていく日々でした。

当時、僕は大学の研究生活に二つの不満を持っていました。できないと思われていること、人のやらないことにチャレンジしてこそ技術者なのに、どの研究室も「挑戦しよう」という空気が薄いのです。

また、「広く使われてこその技術」なのに、製品化されることには重きが置かれない研究が大半で、論文ばかりが重要視される。


これで技術を後世に残せるのか。

世の中に貢献できるのか――。

四年生になり、無事に富山研究室入りしたものの、「このままでは思い描いていたロボット研究者になれない」と悩み始めた頃、富山先生と研究テーマを決める個別面談が行われました。

「古田君は二足歩行ロボットを研究したいと言っていたね」

「はい」

「だったら運動制御を研究テーマにしたらどうだろう。いま、工業用ロボットのマニピュレーターの適応制御理論を、博士号を目指そうとする人間に任せようと思っているんだ。手伝ってみないかな?」

「マニピュレーター」とは、遠隔操作で人間の手に似た動作をさせて手作業を代行する装置のことで、工業製品の製品ラインなどで活躍する上肢の形をしたロボットです。

マニピュレーターの動きを、いかにすばやく正確なものにするか。そのコツを数値的に取っていくことが、研究の目的です。

僕としては、マニピュレーターよりも人工知能や画像処理技術を取り入れたロボットの研究をしたいという気持ちが勝っていました。

しかし、富山先生に勧めていただいたし、まずは大学院の先輩をサポートしながら腕の運動制御を研究しよう。それから、二足歩行の運動制御や人工知能、画像処理技術に移っていけばいいと考えました。

◎「自信のなさ」から生まれた焦り

しかし、いざ取り組んでみると、これは非常に難しい研究でした。機械の腕の動きは、微分方程式で表される応用数学の世界です。マニピュレーターの根元の動きは、腕先の動きによって変化するだけでなく、それぞれの関節が複雑にからみあって三次元で変化していきます。

そのすべてを、微分方程式を使った数学理論で解いていかなければならない。大学院生でも、なかなかやりたがらない内容です。

しかも、理論だけを研究するのではなく、コンピューター画面でマニピュレーターを動かしたり、工業用のロボット・マニピュレーターを実際に製作して動かすことも求められます。当然、動かすためのソフトウェアも自分たちでつくらなければなりません。

つまり、電気、機械、コンピューター、数学理論。何から何までやらなければ、マニピュレーターの研究をしたとは言えないわけです。この複雑な研究を同級生三人と共に、先輩の手伝いをしながら進めていくことになりました。

しかし、「自分の力こそすべて」と考えていた僕にとって、先輩をサポートする日々は、もどかしいものでした。

そこで、富山先生から「マニピュレーター研究の基礎だ。一年かけて理解しなさい」と渡された分厚い英語の数学論文を、ゴールデンウィーク中に一気に読み切り、それが評価されて、プロジェクト・リーダーである先輩のサポート責任者になったのです。

また、先輩が取り組んでいた研究テーマに僕も挑戦して、夏休み中に仕上げた結果、一人でマニピュレーターの研究に取り組むことができるようになりました。

マニピュレーターに関する卒業論文の追い込み時期は、二カ月続けて研究室に泊まり込み、一カ月間ほぼ徹夜で書き上げました。

さすがに体が限界に達したのか、論文作成後は帯状疱疹から失明の一歩手前になりました。「体調を整えるように」と、しばらくは研究室への出入りが禁止となりましたが、卒論自体は博士論文級という評価をいただきました。

しかし、同級生や先輩を押しのけてまで研究の居場所を確保しようとした僕は、周囲から浮き上がり、後々自分の行動を悔いることとなります。

当時の僕は頑固で、他人の言うことは聞かず、「わかってもらおう」という努力もせずに、孤高を気取ったプライドの高さが格好いいと思い込んでいました。

自分に自信がなかったのです。

自信がないからプライドが高いように見せかけて、偉そうな態度を取り、自分を守る。「あいつは優秀だ」と思われたい。

富山先生がそうであるように、本当に実力があり自信を持っている人は、他人に対して優しくて謙虚なものです。

「自分の力がすべて」は間違いだった

そのまま博士課程に進み、大学院の二年になった一九九六年。富山先生から機械工学科の助手にならないかと誘われました。

「助手になれば好きなことを研究できる」

「ようやく、車椅子ロボットの研究を始められる」

しかし、いきなり「車椅子ロボット」の研究では、さすがに先走り過ぎています。まずは「インパクトのある人間型ロボットをつくろう」と考えました。二足歩行のメカニズムは、そのまま「車椅子ロボット」に転用することもできます。

そこで、富山先生に自分の計画を伝えると、「ＯＫ」が出ました。当時の研究室は大学院生と大学部生で三〇人以上の大所帯です。

僕は、研究室のコンピューターシステムを構築したり、研究の手助けをしてきた自負があり、「人間型ロボットをつくろう」と声をかければ、皆が賛同してくれるはずだと思っていたわけです。

ところが、研究室で発表すると、さーっと波が引くようにみんないなくなってしまいました。

「マニピュレーターで成功しただけだろう。二足歩行だけでも難しいのに、人工知能も画像処理も一緒に研究して人間型ロボットをつくる？　そんな勝ち目のない研究に取り組むなんて古田はどうかしている」というわけです。

「できるわけがない」

「そんな先行きの見えない研究に取り組んだら卒業できない」と、変人を見るような目で院生仲間は離れていきます。僕はショックを受けました。

僕の「自分の力こそすべて」という考え方が、口に出さずとも研究室の仲間には伝わっており、彼らの心は僕から離れていたのです。

皆は「僕の技術」を頼りにしていただけだった。僕は、周囲に力を見せつけることが、目的への最短距離だと信じていました。

ところが、自由に研究ができる助手という地位を手に入れて、本当の目的へと走り出そうとしたら後押しをしてくれる人が誰もいない。

僕は、己の人望のなさを思い知りました。

そして、この挫折体験は新たな気づきの始まりになったのです。

小さいけれど大きな変化

時代背景を考えても、僕から離れていった院生の気持ちが良くわかります。

当時、極秘裏に研究されていたホンダの「ヒューマノイドPシリーズ（後のASIMO）」も発表直前。大学でも二足歩行の人間型ロボットの研究に取り組んでいたのは早稲田大学くらいで、残念ながら芳しい結果は出ていませんでした。

人間型ロボットは、まだまだアニメやSFの世界のものであり、真剣に研究対象とするのは変わり者。「取り組んだところで成果は出ない」とされる一種のタブーでした。

しかし、無謀と言われようが、変わり者扱いされようが、僕には関係のないことです。ただ、修士論文、博士論文が視野に入っている院生は、どうしても結果の出る研究が第一と考えます。

そこで、学部の四年生をスカウトすることにしました。

「ロボットはどれが好き？」

研究室で手の空いたときに軽い感じで質問します。

「ガンダムが好きです！」

理工学部の機械工学科ですから、基本的には誰もがロボットへの憧れを持っています。そして、当時はガンダムが一番人気でした。僕は、ガンダム談義で盛り上がった何人かを、居酒屋へ誘いました。

「ロボットが子どものときから好きなんですよー」

「ザクの足のどっしり感が最高です。わかります?」

「赤いザクの足でしょう」

「そうです!」

話は尽きません。

そこで、僕は、

「じゃあ、ザクの足を一緒につくってみようよ」と声をかけました。

後輩を誘って飲みに行ったのは、この日が初めてのこと。それまでは、自分勝手に自分のやりたいことに邁進《まいしん》してきた僕にとっては、小さいけれど大きな変化でした。

◎ほとんど不眠不休の二カ月間

四年生が七人程集まったところで研究のスタートです。

ところが、集まった四年生はモチベーションこそ非常に高いものの、勉強は嫌いで、アニメ好き、コンピューター好き、プログラム好き。機械工学科にもかかわらず、何かを設計して削り出し、つくり上げる経験については素人同然でした。

当初の想定では、僕が「理論構築」をして四年生に「設計」を任せて、ロボットをつくっていこうと思っていました。

ところが……。

「製図はできる？」

「いや～」

「単位取っただろう？」

「他の図をコピーして、トレーシングペーパーでなぞって切り抜けました」

……。

全員、設計図の読み方は知っているけれど、描くことができない。大学生の多くが英語の文章を読むことはできても話せないのと同じです。それが、いまの教育の実態で、試験はそれでクリアできてしまうわけです。

「自分の力こそすべて」という発想だった僕にとって、自分の力不足をあっけらかんと話せる彼らに驚きました。


とはいえ、このままでは研究を進めることができません。知識も技術もない以上、やる気に満ちたこのチャンスを逃さずに、彼らの力を伸ばす——。

「俺が鍛える！」と宣言した僕は、彼らとさらに深くコミットすることになりました。


まずは、人間型ロボットの技術を「人工知能」と「運動制御」と「画像処理」の三つに分けて、七人を三チームに割り振ります。

チーム分けも一工夫して「ザクの足が好き」な後輩は「運動制御」のチームに、プログラム好きは「人工知能」に、「ロボットの目が好き」という後輩は「画像処理」に、という具合にそれぞれの嗜好に合わせました。

迎えた夏休み。二十四時間体制で三チームを教えていきます。八時間交代で教えるのは僕のみです。二カ月間、ほぼ不眠不休でしたが、小・中・高・大学と勉強してきたことが役に立ちました。

素人だったからこそ吸収力があった七人は、チームごとに必要な基礎知識を身につけて、秋になる頃には戦力としての目処《めど》が立つようになりました。

適材適所で周りを生かす

僕の考え方が変化したのが、この時期です。七人を教えているうちに、それぞれの個性が見えてきて「仲間はいいものだ」と思うようになりました。

そのように感じ始めた僕がリーダーとなり、学部生七人でスタートした「E－SYSヒューマノイドプロジェクト」は、「Mk．0」を皮切りに「Mk．シリーズ」の試作を進めていきます。

当時、この分野の研究者は少なく「人工知能」と「運動制御」と「画像処理」の三つを融合させる研究もほとんど行われていませんでした。

そこで、当面の目標を「ヒューマノイドの各要素機能を、理論・ハードウェア・ソフトウェアレベルで有機的に融合する。人をサポートする『一人一台』のパーソナルロボットを研究開発する」としました。

それぞれを個別に研究するのではなく、すべてのエッセンスが詰まった小型の人間型ロボット「Mk．シリーズ」をつくる。そこで培われたノウハウは、必ず「車椅子ロボット」にも役立ちます。

また、人間型ロボットをつくるとなれば、チームのモチベーションも上がりますし、ロボット技術は様々な技術の集合体ですから、試作を進める中でメンバーの実力もアップしていくはずです。

トータルで目的達成への近道になると考えたわけです。

最初の大きな成果は、一九九七年に完成した「Mk．1」です。

足だけのロボットでしたが、自立動歩行（いわゆる人間らしい歩行）を実現。しかし、完成までの道のりは平坦なものではありませんでした。

プロジェクト以外にも研究室全体を見なければならない僕は、当初、理論構築だけを行い、学部生に設計と製作を任せていました。

ところが、ロボットは歩かないどころか立つこともできない。立ったと思ったら、今度は歩かない。組み上がるのは、ボロボロのロボットばかりです。「完成できないかもしれません」という弱音が聞こえました。

そこで「俺がつくる」と宣言したのですが、研究室の面々は怪訝《けげん》そうな顔をしています。それまで、僕は研究室で数学論文しか書いていなかったので「ものづくりからは遠い人」というイメージがありました。「古田＝理論屋」だと思われていたわけです。

「設計しているところを見たことがない、あの古田がものづくり？」と心配される中、これまでの自作の経験を生かして、チーム全員で一週間程徹夜をして仕上げたのが「Mk．1」でした。

その過程で得た「気づき」がありました。それは「自分ができることは他人もできるだろう」という思い込みです。学部生と一緒に作業を進めるうちに、スタンダードなラインは、僕が実現できる範囲よりも下にあるんだと知りました。これには、愕然《がくぜん》としました。

その代わり、僕が気がつかないポイントを発見する人や、僕の発想とは違うやり方で答えを出せる人がいることにも気づきました。

遅れ馳せながら「適材適所」という考え方があることを学んだわけです。そして、チームでプロジェクトを進めていく際には、全員のモチベーションを上げることが重要で、うまく舵《かじ》取りができれば自分一人のときよりもはるかに大きな成果が得られることも実感しました。

サッカーをするロボットができた！

ロボットが二足歩行することの難しさを少しだけ説明します。それまで僕が取り組んでいたマニピュレーターや産業用ロボットは、台座に固定されて同じ動作を繰り返すことがほとんどです。

使用環境が一定であれば、正確に動かすことも比較的容易です。ところが、二足歩行ロボットは、絶えず変化する外界の条件に対応していかなければなりません。

例えば、僕らが「車椅子ロボット」に乗って近くの公園から家に帰るまでの道程を考えてみましょう。公園内には芝生があり、砂利道があり、舗装された歩道があり、交差点にはデコボコがあり、ときには急な坂道を上り下りしなければならない。足元の環境だけをとっても、様々な条件下を歩かなければなりません。


さらに、家の中に入れば、玄関には段差があり、自分の部屋に戻るには階段を上がらなければならない。すべてにうまく対応できないと転んでしまいます。

そういった環境の変化を感じ取るのが「画像処理」であり、変化に応じた動きを考えるのが「人工知能」です。そして、実際にアクションを起こすのが「運動制御」。


一般的に転倒しないためには、足が太くて重心が低ければいいと考えます。しかし、二足歩行を成功させる秘訣は、重心を高くすることです。実は、二足歩行のように動き続けるものは、重心が高い程安定します。

例えば、掌《てのひら》に鉛筆を立てるよりも長いホウキを立てるほうが容易であるのと同じです。重心が高いとゆっくり倒れるので、バランスが取りやすい。

つまり、二足歩行とは、倒れた方向に足を継ぎ足しながら続けて倒れ込む現象なのです。倒れ込むという不安定な状態を繋いで、そして、また繋いでいくことで、結果的にロボットは安定しようとします。人間も二本足で立っていると疲労が増しますが、歩き出すと辛さが軽減されて体が安定するのはこのためです。


こうした理論に裏付けされた「Mk．1」が歩いたとき、僕らのチームは大喜びでした。日本は元より世界の第一線の研究者でもうまくいっていなかった小型ロボットの動歩行に成功した！

努力しながら「Mk．シリーズ」の開発を重ねていく過程で、歩行機能とロボットシステムとしての完成度は徐々に高まっていきました。

そして、一九九九年に完成したのが、「Mk．5」です。直進は当然のこと、バックや旋回もできる。ネットワーク・ロボットとして、外部のパソコンからコンピューターLANを通して操作もできる。

また、世界で初めてサッカーボールをゴールへシュートしたロボットとしても有名になりました。「Ｍｋ．５」の完成により、「Ｅ－ＳＹＳヒューマノイドプロジェクト」を始めたときに掲げていた「人工知能」と「運動制御」と「画像処理」の三つを融合させるという目標を実現したのです。

ボールをゴールに入れる動作を例にとると、「画像処理」により「Ｍｋ．５」は、ボールが足元にあり、遠くにはゴールがあると認識します。そして「人工知能」がゴール方向に体の向きを変えて、力を入れてボールを蹴るという判断を行う。そして「運動制御」で、実際に蹴るアクションを起こすのです。

マニピュレーターとは比較にならない複雑な計算の末に、「感じて、考えて、動く」ロボットが実現しました。

人の力を借りる・人の力を生かす

「Ｍｋ．シリーズ」に取り組んだ、一九九六年から二〇〇〇年の四年間に急成長したチームメンバー。彼らと共に歩んだことで、僕の考え方も大きく変化しました。

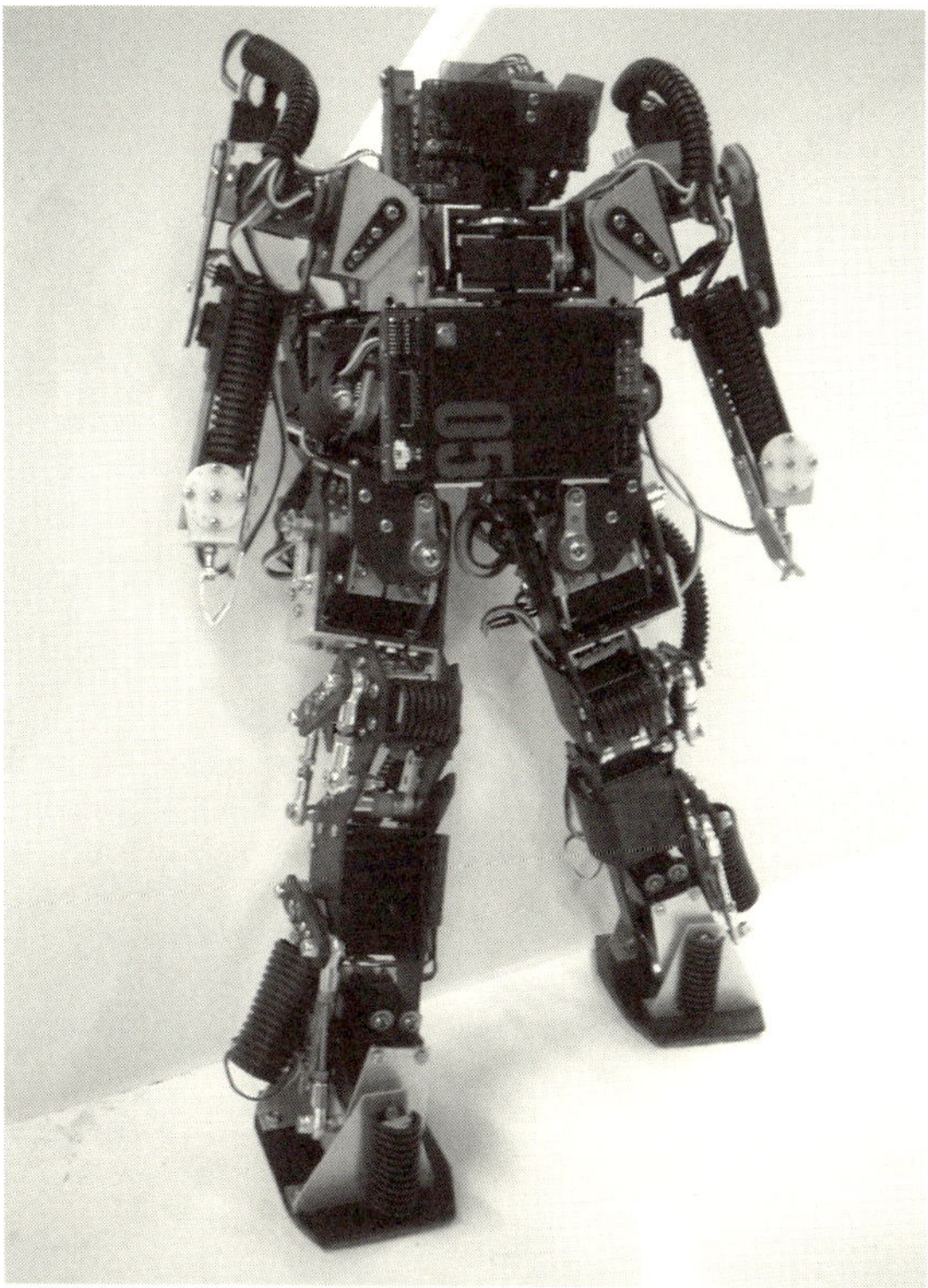

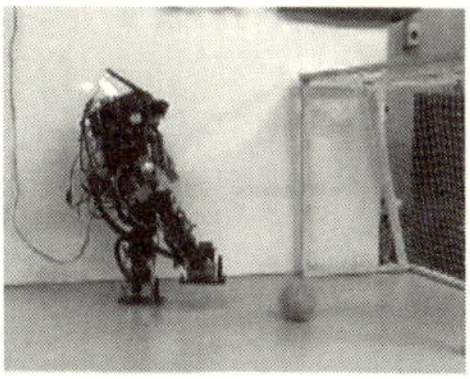

「Mk. 5」がサッカーボールをシュート！

例えば、プログラミングが得意で人工知能を任せた清水正晴――。

彼は、ハートの熱い優しい男ですが、非常に合理的で「結果がすべて」という考えの持ち主です。

ある状況で、僕が研究室で妨害を受けていたときは「古田さん、まあ、いいじゃない。彼らはあなたがうらやましいだけなんだから」となぐさめてくれる。「余計なところにエネルギーを使うくらいなら研究に力を入れましょう」と諫《いさ》めてもくれました。

どんな状況下でも、「言われてみればその通り」ということを、冷静に、しかし情熱的に伝えてくれる。

また、機械設計、モーター制御、運動制御の才能をぐんぐん伸ばしていった奥村悠――。

彼は全体のバランスを見ながら、要点を押さえるセンスを持っていました。理論よりも先に手が動くタイプで、例えばあるアイデアがあったとして、他のメンバーが数学的な検証を進めているうちに、彼は手を動かして試作品をつくってしまう。

ざっくりと理解して、手を動かしながら考えていくという取り組み方は、僕にはない部分で新鮮でした。人の心の動きを感じ取ってくれる優しい男でムードメーカー。彼はチームに推進力を与えてくれる重要なキーパーソンです。また、彼はとても柔軟で、途中まで積み上げた成果をためらわずに捨てることができる。

当時の僕は「これだ」と決めると意地になり、途中で路線を変更することができないタイプでした。ところが、奥村は成果を平気で切り捨てる。ここまできて駄目ならば、引き返せばいい。その潔《いさぎよ》さに触れてから、僕も研究への取り組み方がとても楽になりました。

そして、二足歩行の制御理論で、ずば抜けた才能を見せた戸田健吾――。

「Mk．シリーズ」で自立動歩行を実現させるために「どうやって倒れないように制御するか」とブレインストーミングをしていたときのことです。

全員が数学理論を語り続けて議論が複雑になり、収拾がつかなくなりつつあったところで、戸田は、ぼそっと「二足歩行は、倒れ続ける限り倒れないんです」と呟きました。彼は最年少で、その時点では理論知識は不足している状態でしたが、鋭く本質を衝いてきたわけです。

例えば、酒に酔って千鳥足で歩いている人は倒れそうで倒れません。なぜかというと、ふらふらと揺れて倒れそうになると、次の一歩が出ているからです。

つまり、倒れ続ける限り倒れない。ところが、直立して止まろうとすると倒れやすくなります。

ロボットの二足歩行も同じで、一歩歩くごとに止まろうとするとバランスを崩してしまう。一歩、二歩、三歩と連続した運動になれば、スムーズに歩くことができます。研究者には高度な数学的知識も大切ですが、直感的に本質を衝く視点が欠かせません。その点、戸田は光るものを持っていました。

このように、一人ひとりの持っている才能に気づくと、こちらも生かしてあげたいと思うようになります。それまでの僕にはまったくなかった発想です。

彼らの力を伸ばしてあげたい――。チームで仕事をすることはもちろん、リーダーシップとは無縁だったはずの自分が、いつの間にかチーム全体のことを考えるようになっていました。

僕はインドで出会った藤井日達上人から教えられた言葉を改めて思い出しました。

「本質がすべて。本質を摑まないといけない」

僕は「結果のためには全力を尽くす」と言いながら、その本質をずっと見誤っていました。

人の力を借りる。

人の力を生かす。

チームとして目的に邁進することが「成果を残すための本質」であるにもかかわらず、僕は「面倒だから」と他人とのコミュニケーションを避けていた――。

しかし、彼らとプロジェクトを成功させていくうちに、チームで連携をすることの重要さに気がつきました。

チームメンバーの繫がり、互いの「信頼」と「情」により「1＋1＝3以上」に深まっていくものだと、知ることができたのです。

◎カーネギーから学んだこと

このときの「E－SYSヒューマノイドプロジェクト」チームの中核が、現在の「ｆｕＲｏ」の研究員になっています。清水、奥村、戸田。居酒屋のガンダム話でスカウトした連中は、とてつもない能力を秘めていました。

そしてもう一人、忘れてはいけない男が大和秀彰です。

彼は富山研究室を経由して、ペンシルバニア州立大学に進学、そこで博士号を取った機械設計やモーター制御、運動制御のスペシャリストです。そして、ペンシルバニア州立大学の教授からの「このまま大学に残ってほしい」という誘いを断った男でもあります。

「即断で断ったのは君が初めてだ。理由はなんだ？」

「日本で熱い仲間が俺を待っている」

ちょうど二〇〇三年に「ｆｕＲｏ」を設立するタイミングの出来事で、アメリカに何の未練も見せずに帰国してくれたのですから、意気に感じないわけがありません。

熱さと信頼関係。人間はお互いを認めることから始まる。チームは、理屈や力で引っ張るものではないと気づかせてもらいました。

とはいえ、最初からスムーズにリーダーシップを発揮できたわけではありません。メンバーとの接し方に悩んだ時期もありました。

そのとき、手に取ったのはD・カーネギーの『人を動かす』という本です。

そこには、数多くの示唆が含まれていました。

人を叱るべきじゃない。

怒りは自己満足であって腹いせにすぎない。

叱り飛ばす心の根底にあるのは、自分を偉く見せたいという気持ちや、自分が自分の力不足に腹を立てている気持ちであり、相手に辛く当たったところで事態は好転しないし、人間関係も悪くなる。

叱られた相手は自尊心を傷つけられて、自信を失ってしまう。

実際、学部生の中には本当に何もできない人もいました。作業を任せると失敗する。こちらは「なぜできないんだろう⁉」と思うわけですが、自分ができるからといって相手もできるわけではない。「どうすればいいのだろう？」と考えた末に、辿り着いたのが「褒める」ことでした。

鍵となるのは「成功」を体験させることです。プロジェクトを進めていく中で「彼の精一杯の力を出せば達成できるだろう」という部分を分担してもらう。

その一方で、陰ながら気づかれないようにバックアップして成功に導く。成功したときには「できたじゃん！」と、とにかく褒める。

僕は、決して褒め上手なほうではありませんが、繰り返していくうちに、一人ひとりが自信を深めていることが伝わってきました。

「何でも言い合えるチーム」をつくる

もう一つ心がけていたのが「何でも言い合えるチーム」です。まず、僕を「先生」と呼ぶのをやめさせるところから始めました。プロジェクトのスタート時点で「とにかく全員が平等だから。僕のことを『助手』と仰ぎ見るのはやめよう」と宣言。そして「ミーティングではどんどんクレームを言おう」と提案しました。

その点、大和は性格的にガンガン言えるタイプだったので、皆に「アイツを見習え」とけしかけました。そうするうちに、おとなしいタイプだったメンバーも、はっきりと持論を展開するようになっていきます。

言うべきことは言い、議論を尽くす。そうすると、各々が「あの分野では彼に負けるけど、この分野では彼に勝てる」と、プライドを持って主張できるパートが見えてきます。

その結果、チーム内でも妬《ねた》みややっかみがなくなり、共通のゴールに向かって各個人の力を出し切れるようになっていきました。

「Mk.シリーズ」の開発中には、思い出深い事件が多々ありました。

二足歩行ロボットを研究するアプローチとしては、純粋に工学的な発想で進める方法と、人間の形、骨格構造、歩き方など、人をモデルに研究する方法があります。

特に人間は長い生物の歴史の中で淘汰《とうた》を経てきた生き物ですから、ボディの構造やその制御の方法など、学ぶことが非常に多い。そこで、「Mk.シリーズ」の開発中は書店の医学書のコーナーに入り浸り、骨格と筋肉の本ばかり読んでいた時期がありました。

警察官からの職務質問を受ける常連だったのもその頃です。僕は家と大学の間を歩いて通っていましたが、行き来するのはたいてい真夜中です。

住宅街の路上で突然二足歩行の研究を始めて、爪先立ちで歩いたり、腰の高さを一定にして中腰で歩いたり、四股《しこ》を踏むように進んだり。そうかと思えば、いきなり回転して重心の移動について考えたり、バックしてみたり……。

僕は身長が一九〇センチメートルありますし、傍から見ると怪しさ満点です。当然のように警察官は職務質問をしてきます。

「君は何をしているんだ?」

「そこの大学でロボットの研究をしていて……」

「人の歩き方を参考に……」と何度か説明するうちに、変わった研究者として印象に残ったのか「こんばんは」「ごくろうさま」と挨拶を交わす間柄になりました。

世界中で報道された「Mk．5」

二〇〇〇年の夏に、オーストラリアのメルボルンに「Mk．5」を持ち込んだときのことも忘れられません。「ロボカップ」の第四回世界大会（一九九七年より開催）のエキシビションで、「Mk．5」がサッカーボールをゴールへシュートする動きを披露することになりました。

当時、人間型ロボットといえばホンダの「ASIMO」が真っ先に思い浮かぶ時代。しかし、「ASIMO」は外部のコンピューターを経由して操作する「運動制御」に特化した、いわば動くだけのロボットでした。

その点、「Mk．5」は「感じて、考えて、動ける」ロボットです。その点がロボカップの委員会から評価されました。

委員会からの依頼は、二〇〇二年から正式種目として立ち上げる予定の「ヒューマノイドリーグ」の先駆けとしてのエキシビションです。まだまだ世界的に見ても二足歩行に成功したロボットの数が少ない段階でしたから、成功させれば大きなインパクトを与えることができる重要な役回りでした。

とはいえ、大きなプレッシャーはなく、仲間三人と共に晴れの舞台に立てるという期待感に溢れた旅は、ハプニングの連続だったこともあり、本当に楽しい思い出になっています。

最初のトラブルは、オーストラリアへの入国手続きです。

人間型ロボットを機内持ち込みのトランクに入れて運ぼうとすると、手荷物チェックの透過X線で小人の死骸のような映像が映り、税関職員から「これはなんだ?」と足止めされました。説明しようにも前例がないので一苦労です。

そうかと思えば、オーストラリアは二〇〇ボルトの電圧にもかかわらず、うっかりミスで一一〇ボルトのままパソコンを繋ぎ、電源を爆発させました。

海外旅行初心者のようなミスをしたため、エキシビションの準備が遅れて大慌てでしたが、本番は大成功を収めました。

ロボカップの世界大会ですから、MIT(マサチューセッツ工科大学)をはじめ世界中から学者が集まっています。ところが、ヒューマノイドリーグのエキシビションのために他国が持ってきたロボットはお粗末なものでした。フランスチームは、木を材料に使った仕掛け人形のようなロボットで、アメリカチームのロボットは二足でしたが、足の裏にタイヤが付いていてスーッと進む仕組みです。

手足が付いていて、視覚センサーを内蔵した目があって、顔を左右に動かし、周囲の状況を把握してから二足歩行をする人工知能を搭載した世界初の「Mk．5」は、技術的にずば抜けた存在でした。しかも、完全自律でロボット本体には何のコードも繋がっていません。

エキシビションの会場は大騒ぎでした。ざわめきが広がり、翌日のニュースでは世界中の様々な媒体で報道されました。

そして、「Mk．5」が大きな注目を集めたことにより、僕の人生は重大な岐路を迎えることになります。大学の助手を辞める決断を下すことになったのです。

◯大物研究者からのスカウト

メルボルン行きの数カ月前、富山研究室のパソコンに一通のメールが届きました。文面はたったの三行……。

北野です。
古田君と会って話がしたい。
以上。

「北野？」。知り合いに北野という人はいません。誰だろうと思い、当時ようやく使えるようになりつつあったインターネットで検索すると、「戦略的創造研究推進事業（ＥＲＡＴＯ）」の北野共生システムプロジェクトのホームページが出てきました。

科学技術振興機構が「国の戦略目標達成のための基礎技術研究」として進めている事業が「ＥＲＡＴＯ」。その中の人間型ロボットの研究も行っている二〇〇三年十月までの時限プロジェクトに「北野共生システムプロジェクト」がある。
その統括責任者が北野宏明さんで、ソニーコンピュータサイエンス研究所・シニアリサーチャー（現・取締役所長）でもあるらしい。何だかよくわからないけど、大物なのかもしれない。

メールに返信してアポイントメントを取ると、数日後、富山研究室に北野さんと石黒周さん（現・ロボットラボラトリーリーダー兼株式会社MOTソリューション代表取締役）がやってきました。北野さんはコンタピュータサイエンスの専門家としてロボットに関心を持っており、一九九七年に「ロボカップ」を立ち上げた中心人物です。

石黒さんはロボットの産業化に取り組んでいるというお話でした。ちなみに、後で知ったことですが、石黒さんはコニカに在籍した当時、あらゆるヒット商品をプロデュースしていた伝説の商品企画者です。

一方、当時の僕は一九九六年に「Ｍｋ．シリーズ」のプロジェクトを始めて四年。

富山先生は国際交流センターの所長など他の仕事もあり、研究室は僕が取り仕切っている状態です。

三四人の学生のうち三二人の面倒を見て論文指導、研究指導、プレゼン指導、授業と息つく暇のない状態でした。それでも、大学の研究室が二足歩行ロボットを完成させたことで、学会ではそこそこ有名な存在になっていました。

そんなとき、ロボット界の大物二人が学会での「Mk．5」の噂を聞きつけて、どんなものか見にきたというわけです。

時期的には、国が国家プロジェクトとして人間型ロボットをやりたいと動き出し、経済産業省が「ヒューマノイドロボットプロジェクト」を立ち上げた頃です。

北野さんは時を同じくして、科学技術振興機構で「北野共生システムプロジェクト」をスタート。宇多田ヒカルさんのミュージッククリップに登場した「ＰＩＮＯ」という人間型ロボットを発表したところでした。

研究室にやってきた北野さんは「ロボカップ」の発案者として、当時は小型の台車に乗ったタイプのロボットが主流だったロボカップの競技を、いずれ二足歩行の人間型ロボットで開催したいというビジョンを語り始めました。

僕が早速二人の前でデモンストレーションをして見せると、北野さんも石黒さんも愕然としています。

「もうできてるの!?」と、その場で「Mk．5」でロボカップの世界大会に参加してほしいという話となり、前述のメルボルンへの招待に繋がったわけです。

そして、世界大会の終了後、僕は北野さんと石黒さんから「うちに来ない？」「ゼロから新しいロボットをスタートさせよう」と、ストレートな誘いをいただきました。

僕には何が残るのだろう？

大学の研究室の助手という職業は、研究者としての将来を考えると安定した立場です。ここから助教授、教授と進んでいくのが日本での一般的な成功例です。しかし、僕は助手を続けるうちに疑問を感じていました。

論文を書いて、研究をして、学生を送り出す。しかし、手塩にかけた優秀な学生程大学には残らず、企業に取られてしまう。

彼らの人生がハッピーになればいい。企業からは「素晴らしい人材をありがとう」と感謝される。

しかし、僕には何が残るのだろう。

いつになったら、「車椅子ロボット」に取り組めるのだろう。

そのように悩んでいました。研究費用を求めても大学は見向きもしない。「Mk.シリーズ」の研究費に関しても、ほとんどが自腹による持ち出しです。モーター代や材料費は、年間に一〇〇万円強。当時はバイトもしていませんし、助手としての給料だけで生活していました。

手取りはおよそ二〇万円程で、ボーナスがありましたから、なんとか年収は四〇〇万円には達していましたが、そのうちの四分の一を「Mk.シリーズ」の開発に使っていたわけです。

それでも二年、三年と研究を続けるうちに、協賛してくださる財団などが助成金を出してくれるようになり、少しは状況が改善されました。

とはいえ、ホンダが「ＡＳＩＭＯ」に億単位の開発費を投じる一方で、「Ｍｋ．５」の製作費は七〇万円程度です。

「予算の少ない大学の研究室でもここまでできる！」というプライドはありましたが、同時に、この環境で取り組める研究の限界も感じていました。大学の外で「Ｍｋ．５」が評価を高めても、学会で評価されるのは論文ばかりです。

そのような理由で、メルボルンへ行く前から、僕は研究室を離れることを考えていました。しかし、「車椅子ロボットをやりたい」という気持ちをぶつけられる場所は見つかりません。某大学付属の研究所に応募した際は、「大学のＯＢではない」という理由から書類選考で弾かれたこともありました。

メルボルンから帰国してすぐに北野さんと石黒さんから声をかけられたのは、僕が大学の研究生活に限界を感じていた頃と重なっていたのです。

人生を懸けて何がしたい？

初めて北野さんと石黒さんのオフィスに出向いたとき、経済産業省系の研究所からも声がかかり、僕は進路について迷っていました。その気持ちをそのまま二人に伝えたところ、返答は鋭いものでした。


「古田君は何がやりたいの？」

「車椅子ロボットです」

「いや、そうじゃない。人生を懸けて何がやりたいの？」

「ロボット技術を世の中に出して使えるようにしたいんです。大学だと産業にできないので、国の研究機関ならば実現できるかなと考えています」

「それは大間違いだ。国の研究機関では、せいぜいプロジェクトの設計技師だろう。すでに立ち上がっているプロジェクトに途中参加しても自由にはできない。その点、僕のところに来れば君がリーダーだ。やりたいようにさせてあげるよ。僕らは技術を産業化するプロなんだ」

北野さんの言葉に心を動かされたものの、気掛かりが一つありました。それは「Mk.シリーズ」を共に研究してきたメンバーです。特に、奥村たちは就職活動もせずに僕を手伝ってくれていました。

僕だけが、北野共生システムプロジェクトに移籍するのは……と悩んでいると、最後の一押しがありました。

「富山研究室が心配ならば面倒を見に出入りをしてもいい。もちろん、二人を技術者として迎えることもできる」

ここまで言われたら、決断を妨げるものはありません。

僕は大学を飛び出して、奥村たちと三人でチームを組み、二〇〇一年に北野共生システムプロジェクトに移籍しました。

ERATOによる五年間の時限プロジェクトである北野共生システムプロジェクトは、その時点で開始から二年が経過しています。ロボット研究の成果としては、「PINO」という人間型ロボットを残しています。

しかし、「PINO」は音声認識などに力点を置いたもので、僕の目指す「車椅子ロボット」とは方向性が異なりました。

そこで、僕は「Mk．シリーズ」で培った技術をさらに発展させるというコンセプトで「モルフ（ｍｏｒｐｈ）」を構想。新たなロボット研究チームのリーダーとなったのです。

第四章　挫折はあきらめた瞬間に訪れる

◎「産学連携」の課題と現実

二〇〇〇年から二〇〇三年までの北野共生システムプロジェクトの三年間は、強烈な経験に満ちています。大学の研究室に比較すると研究は進めやすくて自由です。しかし、成果には厳しい環境でした。

僕は、北野さんと石黒さんから数多くの財産をもらい、「ｆｕＲｏ」の所長として活動する基礎を仕込まれたといえます。

一言で表すならば「大学研究の甘さ」を知りました。

「産学連携」を唱えるのは簡単です。大学と企業の間で人材交流を進め、基礎技術を大学の研究室が深める。企業が抱えている技術開発の悩みを解決して、産業化のために必要な応用研究を下支えしていく。

大学の研究室は「産業界がどんな技術を求めているか」を知ることで、基礎研究の方向性について刺激を得ることとなり、企業側は投資しにくい分野の技術をビジネスに役立てることができる。

狙いは間違っていませんし、うまく回転し始めれば、大学、企業、そして、そこで働く研究者にとってもメリットがあります。

ところが、当時も現在も「産学連携」や「産学官連携」は、メリットよりもデメリットが目立つ状況にあります。その原因はどこにあるのか――。

突き詰めて考えると、技術の産業化を進めるにあたり、大学の研究室はあらゆる面で「詰めが甘い」のだと思います。

例えば、「工程設計」の方法、「工数管理」の計算、「特許戦略」の組み立て、企業との連携方法、プロジェクトを推進するためのリーダーシップの在り方、「費用対効果」への意識や「納期厳守」を求める厳しさ……。

僕は北野共生システムプロジェクトで研究室の外の世界を知り、大学の一研究者のままでは「未来を変えるロボット技術を世の中に残すことはできない」と改めて痛感しました。

そこで「モルフプロジェクト」を立ち上げるに際して、モーターや部品を企業と連携しながら開発して、他の研究者や一般ユーザーがパーツを買えばロボットを組み上げられるような汎用性を目指したのです。

それが、「一品モノ」のロボット、つまり、研究費をやりくりして世界に送り出した「Mk．シリーズ」との大きな違いになると考えたからです。

開発イメージを石黒さんに伝えると、各企業をはじめとして特許事務所や各省庁など、これまでの僕には縁のなかった場所で行われる様々なミーティングに参加する機会を与えてくれました。


半年間で何回のミーティングに参加したのか、思い出せないくらいです。「古田君は空気を読む才能がある」とおだてられているうちに場数を踏み、鍛えられました。


ロボット技術にまったく興味のない人には、どの段階から説明をすれば耳を傾けてもらえるのか。

予算を動かすことのできる決裁権を持った企業人は、技術者のプレゼンテーションのどの部分を聞いているのか。

まったく別の技術を追究している企業の技術者に、ロボット技術を盛り込むことのメリットを伝えるには、どんなアプローチが有効なのか。

僕は場数を踏みながら考えました。

相手の考えの「先の先」を読み、二重、三重の手を尽くすことが重要だろうと研究者らしく分析したわけです。ところが、石黒さんのアドバイスは違いました。

「最後は愛と信用なんだ」

「もちろん、相手が疑問を感じないように先回りをして提案していく視点も重要だよ。でもね古田君。最終的に企業との連携を成功させるのは、双方の想いなんだ」

これは本当に意外な言葉でした。僕は、石黒さんをクールなビジネスマンだと思っていたからです。一つのプロジェクトに対して、精緻《せいち》でシビアな予算管理を行う。企業との交渉に際しては、技術開発に必要な幹となる部分の特許を押さえることで、自分たちと組まなければビジネスが成立しないように準備を進める。

何度となく石黒さんの辣腕《らつわん》に感心していたのに、当の本人は「最後は愛と信用なんだよ」と笑うわけです。

「どういうことだろう?」と思いつつ、石黒さんの仕事ぶりを観察していると、気づいたことがありました。それは判断スピードの速さです。あらゆることを「即断即決」で進めていくのです。

例えば、企業の取締役も参加していたミーティングの席で、僕らも企業側も前向きだとわかった瞬間に、石黒さんが「よし、いまから始めよう」と立ち上がり、ホワイトボードに向かってペンを走らせました。

「成功へ至る戦略は……」と言いながら、ゴールへ向かう最短ルート、起こりうるトラブルについて、一気に書き出していく。企業側の面々が、その対応の早さに戸惑っているのもお構いなしです。

「明日の朝も、今日も、状況は変わりません。だからいまからやりましょう」。

一気に熱意を表に出すことで、周りを巻き込んでしまう。石黒さんにそれができるのは、プロジェクトに込められた想いを共有して、互いに信用できると認め合う関係性を構築しているからです。

しかも、単純に夢を語るだけでなく、ビジネス化に必要な実務部分については「特許については……」「先行している技術については……」と段取りを組む。パートナーは、安心して仕事を任せることができるわけです。

プロデュース能力の高い人は「情実」の両輪を兼ね備えているのだと思い知らされました。

◎自分で自分の限界をつくらない

北野さんは「ものづくり」に熱い情熱を持った人です。学生時代の話を聞くと、中学生の頃から秋葉原で部品を買い求めてシンセサイザーをつくったり、アンプやスピーカーを自作していたそうです。

学校の勉強はほとんどしなかったけれど、ものづくりに関わりのある教科は優秀。逆に興味の持てなかった古典や漢文の成績は悲惨だったというあたりも含めて、僕に似ていると思います。

ある夜、オフィスに戻り、北野さん、石黒さんと話し始めると壮大な夢が膨らんでいきました。議論は白熱して、終電を逃しながら語り合うなんてこともよくありました。

僕と北野さんが技術者マインド全開でロボットについての構想を膨らませていると、横で聞いている石黒さんが実現に向けてのプランをシミュレートし始める。実際に、深夜の議論からプロジェクト化したケースもありました。

二人と話をしていて大きく影響を受けたのは、何事も「結果から逆算する」という考え方です。それまで僕は、目的のためには努力を惜しまないというスタンスで研究に取り組んでいました。

しかし、「結果」に対するこだわりが、まだまだ甘かった。工業デザイナーの山中俊治さんもそうですが、本物のプロフェッショナルは「結果がすべて」という取り組み方を徹底させています。

だからこそ「できるかどうか」ではなく「どうしたらできるか」と知恵を絞《しぼ》って考え抜く。なぜならば「できるかどうかわからないけれども頑張る」では、「目的」に達することができたとしても、「結果」には満足できない可能性が残るからです。

つまり、自分で自分の限界をつくらない。できないと思いこんだら、そこで終わりです。挫折は自分があきらめた瞬間にやって来ます。

取り組む以上は最高の結果を!

特に石黒さんは、そのスタンスが顕著《けんちょ》でした。

「誰もやらないからやるんだ」

「できるかどうかじゃなくて、どうしたらできるようになるか」

口癖のように繰り返し、教え込まれました。石黒さんは目を輝かせながら語るので、聞いているこちらもその気になってしまう。


産学連携を進めようとすると、ビジネスに携わったことのない学者は「ニーズはあるんですか?」「一〇〇パーセント大丈夫なんですか?」「検証は十分ですか?」と及び腰になります。

そんなとき、彼らには「ニーズの調査はします。様々な状況を想定したビジネスモデルの構築もします。それでも、一〇〇パーセントの確信を持ってスタートを切るプロジェクトなんて世の中にはありません。リスクを負って勝負に打って出ましょう」と伝えます。

たしかに一〇〇パーセント確信した状態で動けるならば、これ程に安心できることはありません。人は一パーセントでも不安要素があれば、そこに固執して、悩み、鈍り、怖くて踏み出せなくなることがあります。

前に進めばその一歩の分だけ「この判断は合っているだろうか？」と振り返りたい欲求が高まります。その忍び寄るような不安の闇を打ち払うために欠かせないのが「リスクを負ってでもやり抜くんだ」と前を歩いてくれる人の存在です。

前を歩く人が、ピンチの匂いを嗅ぎつけながらも、その局面をチャンスに変えていくと、プロジェクトチームは一体感を持って動き始めます。僕は、日本でもトップレベルの技術者と産業化・事業化のプロフェッショナルから、マンツーマンで指導を受けたようなものです。

そこで、学んだのは「ピンチの匂いを感じたとき程、そこにはチャンスがある」と捉《とらえ》える姿勢です。これは、プロジェクトを動かす人間にとって欠かせない能力の一つだと思います。

人間型ロボットを開発する理由

僕が北野共生システムプロジェクトでロボットグループのリーダーとなって動いた「モルフプロジェクト」。二〇〇一年五月には、身長三八センチの人間型ロボット「モルフ1」が完成しました。すでに書いたように、僕は人間型ロボット、ヒューマノイドロボットが最も優れたロボットの形態だとは考えていません。

しかし、人間型ロボットは、ロボットの本質である運動制御、人工知能、画像処理という要素技術を研究していくうえで、重要な要素を持っています。

また、人間型ロボットに不可欠な二足歩行の研究は、将来的に「車椅子ロボット」を開発する際の技術や研究の引き出しを豊かにしてくれます。

そこで、「Mk．シリーズ」に続いて取り組んだ「モルフプロジェクト」の目的は、人間型ロボットが実用化段階に入ったときに必要となる、周囲の人間・環境・ロボット自身の安全性を高める技術を開発することでした。

僕たちは「Mk.シリーズ」でロボット自体の動きを追究しました。しかし、ロボットが街を歩くようになれば、回避する技術をどんなに高めても転ぶ可能性は残ります。

そのときにロボットが受け身の体勢をとれなければ、機体そのものも、周囲にいる人々も危険にさらされてしまう可能性があるのです。

そこで、転倒回避動作、転倒した際の受け身の体勢、起き上がり動作などをスムーズに行う「全身運動の自律システム」の研究開発を進めようと考えたわけです。また、企業とも連携した、新たな自律システムに適した運動制御用のモーター、人工知能用のコンピューター、画像処理のセンサーなどの共同開発も大きな目標でした。

その試作機ともいえる「モルフ1」が完成したのは二〇〇一年五月です。その後、共同開発のパートナーとして村田製作所が名乗りを上げ、同社のBluetoothモジュール、ジャイロ・モジュールなどを生かした新作を十月の「シーテック(CEATEC)」で発表することになりました。

そのため、「モルフ1」から「モルフ2」への移行は通常では考えられない短期間で行わなければならないことになりました。

「Mk.シリーズ」を例に考えても、開発には少なくとも十二カ月は必要です。ところが、合間を縫って別件の仕事を進めていたこともあり、開発に費やすことのできる時間は正味一カ月でした。

「バク転するロボット」をつくろう！

しかも、せっかくの「モルフ2」です。目玉となる新しい動きを加えたい。全身運動を伴う自律システムの研究をするのだから、「ただ歩くだけのロボット」以上の高みを目指しました。

前後左右三六〇度動くだけならば、二足歩行ではなく車輪やキャタピラで済ませることも可能ですが、せっかく二本の足で動き回るのだから、全身を使ってよりダイナミックなアクションを実現させたい。

しかも、世間の目を惹きつける大きなイベントでのお披露目が決定しているわけです。「わかりやすく人々にアピールできて、学術的にもやる価値があり、なおかつ会場が盛り上がるアクションは何だろう」と考えた末に浮かんできた答えが「バク転」でした。

もちろん、成功すれば世界初の動作です。見た目も派手なうえに、機体を持ち上げるだけの瞬発力を生み出すモーターの開発や、空中の動きの制御など、新たなロボット技術の蓄積にもなります。

例えば二足歩行は接地点がありますから、制御的にはそれ程難しくありません。しかし、機体が宙に浮くと接地点がなくなるので計算はかなり複雑になります。足が地面についていれば、「モルフ2」は相対的な関節の角度からXYの位置（自分の体勢）を割り出すことができます。ところが、空中では関節の角度から自分の体勢をはじき出すことができないわけです。

つまり、バク転を成功させるためには、ロボットがより多くのことを感じて、予測する力が不可欠になる。挑戦に値する要素でした。

早速、「Mk.シリーズ」を一緒に支えてきた奥村たちに「バク転をやろうと思うんだ」と打ち明けると、「いいですね、面白い！」という反応が返ってきました。「時間のないときにどうしてハードルを上げるんですか？」とならないところが、僕の仲間の素晴らしいところです。基本的なスタンスは「できないからやろう」。僕らが見たことのない動きであれば、確実に世界を驚かすことができる。

しかし、今回の開発は大学の研究室とは違って明確な納期があります。村田製作所というパートナーがいます。

周囲からの「本当にできるのか？」「期日に間に合うのか？」というプレッシャーも大きく、追い込みの二週間は完全に徹夜となりました。当時の僕は、体重が八〇キログラムありましたが、気がつくと体重は激減していました。お風呂に久しぶりに入ると尾てい骨が湯船の底に当たり、すりむけて血が出ているのです。また、歩くたびにかかとはズキズキするし、山手線の椅子に座っていてもお尻が痛い。服を着替えるときに、ベルトをしても締まりません。

「これはおかしい」と、体重計に乗ると「60」と表示されています。二〇キログラム以上、体重は落ちていました。

開発中に救いだったのは、奥村たちが僕のやり方を信じてくれていたことです。「絶対に間に合うよ。根拠はないけれど自信はある。成功の匂いがするから」「古田が『自信がある』という言葉を口に出したときは必ずうまくいく」僕を心から信じて、二週間の徹夜を共にしてくれる。もちろん、彼らも「眠い。辛い」と挫《くじ》けそうになることはあります。そんなときは「いまは僕が元気だから。僕がへたばったときに君が元気じゃないと」と休んでもらいました。

チームの士気が上がるなら、僕が徹夜で開発を続けるのは簡単なことです。バク転が成功したのは、イベント発表当日の朝というギリギリのタイミング。土壇場で切り抜けるのはいつものことですが、相当にスリリングな展開になりました。

「見せること」は「伝えること」に繋がる

また、「シーテック」の準備では「見せること」の大切さを学びました。大学の研究室は内向きの組織です。一般の人の目は気にせず、論文と実機でのデモンスト

左の写真は体重80kgあった頃。

ちなみに「モルフ3」の開発では、さらに体重は減り45kgになった。
研究仲間いわく「古田のロボットダイエット」……。

レーションがすべてです。

しかし、産業化を考えたときにアピールすべき対象は、協力企業も含めた多くの「ロボット技術に詳しくない人たち」です。一般の人に向けて新たな技術をアピールするには、相応の仕掛けが必要になります。

そのやり方を教えてくれたのは石黒さんでした。「モルフ2」の調整が佳境に入った頃、「事前にデモンストレーション用のプロモーションムービーを撮影するから」と石黒さんから言われました。それも、僕らが撮影するのではなく、撮影・編集もプロに依頼する本格的なものです。

撮影した映像は、「シーテック」のブースで実機がデモンストレーションを行う前に放映する段取りになっていました。また、会場での上映、告知用のサイトでの配信によって、多くの人々に「モルフ2」への関心を喚起《かんき》して、当日のデモンストレーションの注目度を高めるという計画です。
そのためにはムービーの「モルフ2」の動きも目立つものであったほうがいい。「モルフ2」の動きの滑らかさは、当時発表されていたソニーの「SDR-3X」

や富士通研究所の「ＨＯＡＰ－１」以上のものでした。

各関節の可動範囲が広く、素早く動いたかと思えば瞬時に力を抜くことも自由自在。二足歩行以外にも脚部、腰、上体関節を屈曲《くっきょく》させてボールのように丸まった姿勢をとることもできます。

もちろん、「モルフ１」で実現していた転倒回避動作、受け身の体勢、起き上がり動作も難なくこなします。

そんな「モルフ２」の実機を見た村田製作所の担当者の「空手もできそうだね」という一言からアイデアをもらい、ムービーでの動きの目玉は「空手の型」になりました。

正拳突き、前蹴り、鎖骨割り、瓦割り。

人間でも練習を積まないと美しく決められない型ですが、ぎりぎりまで調整を繰り返し、撮影当日の深夜に間に合わせることができました。

これはバク転にも言えることですが、なぜ人はロボットが難しい動きを易々とこなすと、驚きを覚えるのでしょうか。

僕は、一つ一つの所作の背景にある動きの複雑さが伝わるからだと考えています。正拳突き一つにしても、我々は有段者の実演を見ると美しさを感じます。自分と同じ人間が、自分にはできない動きを見せると心底から感嘆します。

なぜならば、動きの本質は理解できても、自分の身体を同じように制御することができないからです。

その自分ができない動きを、ロボットがまるで有段者のように実現してしまう。しかも自分でバランスを考えて、動きをコントロールしながら動く。ある意味、誰よりも驚いていたのは、空手もバク転もできない僕かもしれません。

そして、プロの手を借りた本格的なプロモーションムービーをつくることで、僕らの驚きはさらに多くの人へと拡散していきました。

広がった驚きは、プロジェクトの注目度を高めて、多くの人の目が集まることでビジネスへと繋がります。

「誰にも負けない」と自負できる技術も、「つくっただけ」では完成とはいえない。見せ方を工夫して、世の中に伝えてこそ意味がある。

「シーテック」の当日、デモンストレーション会場が熱気に包まれているのを見て、僕は実感したのです。

プロモーションの効果は上々で「モルフ2」は評判となり、『現代用語の基礎知識二〇〇二年版』のカバーにも掲載されました。

◆あるデザイナーとの運命的出会い

「モルフ2」のプロモーションムービーの撮影には、もう一つ裏話があります。撮影が行われた夜、僕にとって忘れられない大切な出会いがありました。

「モルフ2」が空手の型を成功させて、僕らが「できた！」「動いた！」と盛り上がっていると、北野さんが電話で「いま、うちに面白いものがあるんだよ」と誰かと話しています。

電話の相手は、リーディング・エッジ・デザインの代表で工業デザイナーの山中俊治さん。日産自動車でエクステリアデザイナーを務めた後に独立。一九八七年に手がけたオリンパスの「Oプロダクト」はニューヨークの近代美術館の永久保存品になるなど、幾多の名プロダクトを世に送り出している人物です。僕にとっては長年の憧れの人でした。

北野さんと山中さんは元々の知己で、その日、仕事を終えた山中さんは、たまたま北野共生システムプロジェクトのオフィスの近くを通りかかったそうです。いくつかの偶然が重なり、僕の憧れのデザイナーである山中さんが「モルフ2」を見にきたわけです。

お会いした瞬間、僕は直感的に「この人の心を捉えたい！」と思いました。徹夜続きでテンションが高かったこともあり、「モルフ2」に興味を示してくれた山中さんに怒濤《どとう》の説明ラッシュを浴びせて、その勢いのまま「山中さん、この次に開発するロボットを一緒につくってくれませんか！」と直談判しました。

初めて会ったその日に、上司である北野さんや石黒さんにも相談せず「この人と一緒に仕事がしたい」という想いだけで一流デザイナーにオファーをする。不審がられてもおかしくない状況ですが、山中さんはあっさりと「いいよ」と引き受けてくれました。山中さんの即断即決に僕が戸惑っていると、「面白そうだからやろうよ」と笑っています。

横で話を聞いていた北野さんは、突然のオファーにハラハラしていたかもしれません。そこは僕も確信犯です。北野共生システムプロジェクトに入って約一年。交渉の空気を読む感覚は鍛えられていました。

山中さんと一緒にロボットをつくれば、誰も見たことのない素晴らしい出来栄えになることは明らかです。北野さんも石黒さんも「誰もやったことがない仕事」に意義を見出すタイプなので、山中さんが「ＯＫ」ならば事後承諾《じごしょうだく》で何とでもなるだろうと考えました。

「この人と組んだら面白いことができそうだ」

僕はその夜、初対面の山中さんが仕事を引き受けてくれたことが不思議で仕方ありませんでした。そこで、親しくなってから山中さんに尋ねたことがあります。

「山中さんは僕のことを知らなかったんですよね。あのときにどうしてOKと言ってくれたんですか？」

すると、山中さんはこのように答えました。

「帰り道の車の中で田川（田川欣哉。工業デザイナー。当時、リーディング・エッジ・デザインに所属。現在は独立して、ｔａｋｒａｍ代表）とも話していたんだ。『ロボットも凄いと思ったけれど、何よりあの人が面白かったよな』『うん。尋常《じんじょう》じゃなかった』と、二人で大爆笑した。

古田さん、僕が〈モルフ2〉の『ここが面白いよね』と言うと、ばーっと十分くらい説明をしてくれて、また別の場所を『格好いいね』と褒めるとさらに十分語り続ける。

その繰り返しだったからさ。『マシンガンのように喋るなぁ』と圧倒されて。『この変な人と組んだら、とても面白いことができそうだ！』と思っちゃったんだよね」

一方、僕は山中さんと組むことでロボットのデザインを一新できると期待していました。従来のロボットのボディ設計は、モーターや配線のある機構部とボディデザインがそれぞれ独立して進められていました。

例えば、僕の憧れだった鉄腕アトムも、まずは先行で機構部をつくり、上からボディを被せるというつくりになっています。実際に当時発表されていたヒューマノイドロボットのデザインも同様で、外装は機能が整ってから付け加えられる「お化粧」でした。

組み上がった骨格に着ぐるみを被せるようなもので、ボディは「ロボットの機能を制限する邪魔なもの」として扱われていました。

しかし、本来はＦ１のように「デザインを追究することでマシンの性能も向上する」という関係にあるべきです。ボディをつくってから機構部を押し込む、あるいは機構部をつくってからボディを被せるのではなくて、すべてが一体化してデザインされるのが理想です。

ボディが重量を増加させて、カバー部分が関節の可動域を狭め、ロボットの機動性やメンテナンス性をスポイルしてはいけない。見た目重視ではなく、後付けでもない。必然性のあるデザインを求めていました。

僕は、性能を伸ばす機能美を追究すれば、自然と美しいプロダクトデザインに辿り着くはずだと考えていました。そして山中さんとならば、そんなヒューマノイドロボットを世に送り出すことができるという確信がありました。

「モルフ2」は、世界で初めてバク転に成功した、最高の性能を備えたロボットとして多くのメディアから注目を集めていましたが、何事にも「完成形」はありません。

完成したと思った瞬間に、その人の成長は終わります。一つのプロジェクトが終了したら、そこから問題点を発見して、改善方法を探り、次のステップを踏む。それが技術者の魂です。

そこで、僕は「モルフ2」の開発に目処が立った途端に、より最適化されたデザインで、高度な機動性を実現するボディを持ち、見た目にもアピール性が高いロボットをつくりたいと構想を練りました。

その構想を実現する人材が、偶然にも僕たちのオフィスを訪れたのです。

「運命だった」と、僕は確信しています。

機構部とボディデザインを融合させて、極限まで機能性を追究したボディをつくり出したい。僕は山中さんに開発コンセプトを伝えて、企画段階から「メタルアスリート」というテーマで、陸上選手のような高い運動性能を誇るロボット「モルフ3」の開発に取り組みました。

「こんなに楽しい仕事は初めてだった」

山中さんとの仕事は刺激的で、ラフデザインづくり一つにしても素晴らしい体験でした。イメージを伝えると、プロの漫画家並みの画力を持つ山中さんが、ささっと形にしてくれる。イメージが共有できて、目の前で形になっていく。こんなに楽しいやりとりはありません。

一方、山中さんも「普通、技術者の人はこういうのを嫌がるけどさ」と言いながら、様々なアイデアを提案してくれます。

例えば配線コード。通常は、どの線がどの役割を果たしているかを見分けるために、青、赤、緑、黄と配線ごとに色を変えて、ボディに収めていきます。

しかし、コードが表に出ているのは見苦しくもある。そこで「モルフ3」では、コードをボディと一体化する方向でデザインを進めました。

それでも、ヒジの部分だけはどうしてもコードが表に出てしまいます。そこをどうクリアしようかと相談すると、山中さんは……。

「僕は隠すデザインは嫌いでさ。それならば見せても美しいコードをつくろうよ」

「やりましょう！」

「本当!?　じゃあ、ネジも美しくしたいな」

「もちろんです！」

と、お互いにノッてしまい、コードはシルバーの特注品になりました。同じ調子でどんどんクオリティーを高めた結果、「モルフ3」のネジは一本五〇〇〇円の特殊なジュラルミンを使ったものになっています。

外からは見えない内部の基盤にも徹底的にこだわって塗装して、ボディにはＬＥＤを埋め込み、モーターの動作状態に合わせてホタルのようにまろやかに光る仕様にしました。

その他、ＣＰＵモジュールは、ＮＥＣエレクトロニクス社（現ルネサスエレクトロニクス社）と共同でつくったオリジナルです。

また、Ｆ１のエンジンのように、モーターモジュールも一から設計。ギアボックス、角度センサー、温度センサー、電流センサー、ワンチップマイコン、ヒートシンクを一つの箱に収めました。そして、金属部分はすべてジュラルミンです。

また、運動性能は「モルフ２」を超えるレベルに到達しました。全長三八センチメートル、体重二・四キログラム、一七のマイクロプロセッサと一三八のセンサー。小型のヒューマノイドロボットとしては最高の仕上がりになりました。

山中さんも「モルフ３」が仕上がった後は「こんなに楽しい仕事は初めてだった」と言ってくれましたし、僕にとっても一つの到達点といえるロボットです。

「モルフ3」は、二〇〇三年に発売された記念切手「科学技術とアニメ・ヒーロー・ヒロインシリーズ第一集」に採用されました。鉄腕アトムと共に大きく描かれたことは、かつてのロボット少年としては大きな喜びです。

研究者人生の危機

その「モルフ3」ですが、お披露目となった二〇〇二年六月の「ロボカップ」で大きなトラブルに見舞われます。メルボルンの「ロボカップ世界大会」で「Mk．5」がデモンストレーションをしてから二年、ついにこの年のロボカップで「ヒューマノイドリーグ」がスタートしました。

「モルフ3」は初開催のヒューマノイドリーグにエントリー。リーグを盛り上げる使命を背負っていたのですが、ソフトウェアの開発が間に合わずに参加せざるを得ない状況となり、大一番でほとんど動かないというトラブルが発生しました。

多くの予算を使い、こだわり抜いて完成させた「モルフ3」です。

小型ヒューマノイド「モルフ3」

※「モルフ3」は、科学技術振興機構ERATO北野共生システムプロジェクトと工業デザイナーの山中俊治氏が共同開発したロボットです。2003年6月1日より「モルフ3」の研究開発チームが千葉工業大学　未来ロボット技術研究センター（fuRo）へ移籍し、継続して研究開発が行われています。

プロジェクトリーダーだった僕の責任は重く、この先、ロボットに携わっていくことが危うくなるダメージを受けました。

そして、このトラブルも遠因となり、二〇〇三年十月で終了予定だった北野共生システムプロジェクトから一足早く離脱することになったのです。

先行きの見えない状況に陥った僕を救ってくれたのが、損得抜きの繋がりで結びついた仲間たちでした。

キーマンは二人いました。一人は山中さんです。彼は日産自動車、クリエイティブボックスと共に進めていた次世代自動車の開発プロジェクト「ハルキゲニアプロジェクト」へ参加するようにと、僕に声をかけてくれました。

各方面に「このプロジェクトは、古田君と一緒じゃなければできない」と宣言してくれたのです。その効果は絶大でした。

また、「僕はいつでも君と仕事をしたいと思っている」とまで言ってくれました。山中さんの一言で、落ち込んでいた気持ちは晴れ、僕はいつもの自分を取り戻すことができました。

もし、あのタイミングで山中さんが僕を引きずり出してくれなければ――。現在の「fuRo」もなかったかもしれません。ロボット研究から足を洗わなければならないかもしれない、大きな分岐点でした。

そして、もう一人のキーマンが、現在「fuRo」の室長を務めている先川原正浩です。彼との出会いは古く、元々は僕が富山研究室で「Mk. シリーズ」の開発を始めた頃にまで遡ります。当時、ロボット専門誌『ロボコンマガジン』の編集長だった先川原は、機会を見つけては僕を取材してくれました。

僕も学生時代から『ロボコンマガジン』の愛読者でしたから、大喜びで取材を受けました。何度か会ううちに打ち解けてしまい、様々な相談事を持ちかけるようになっていきました。

例えば、北野共生システムプロジェクトに移籍するときにも相談しました。北野さん、石黒さんについて、研究者の間では様々な声がありました。

素晴らしいと評価する人もいれば、強引にビジネスへ結びつけ過ぎると評する人もいる。研究室を飛び出すにしても、北野共生システムプロジェクトに行くべきか、あるいは別の道を探るべきか。

悩んだ僕は、先川原に時間をつくってもらい、イタリアンレストランで話を聞いてもらいました。愚痴っぽくなった僕に、彼が言ったのは「そういうときは仕事と実績を見ればいいんだ」「あれだけ大きな『ロボカップ』という団体をまとめ上げ、結果を出しているんだから、二人ともそれは優秀でしょう。それでいいじゃん」と。

僕は、ここでも「結果がすべてである」というマインドの人の一言に納得して、北野共生システムプロジェクトへ飛び込んでいったわけです。

僕を救ってくれた二人の恩人

その北野共生システムプロジェクトから飛び出すことを決めて「これからどうしようか」と途方にくれていた二〇〇三年の四月。僕は横浜で開催された「ロボデックス（ROBODEX）」で、「モルフ3」を使ったデモンストレーションをしていました。

当時はまだ北野共生システムプロジェクトに在籍していましたが、「モルフ3」のトラブルの後は、自由に活動をさせてもらっていたのです。

時限プロジェクトである北野共生システムプロジェクトの終了も近づき、僕のところにはいくつかの企業や大学から「研究者として来てくれないか」というオファーがありました。

しかし、僕は次の進路を決めかねていました。

奥村たちを含めた六人の「モルフプロジェクト」のチームで、どこかへ移籍できないかと考えていたからです。

しかし、その希望を企業や大学に伝えると、「一人か二人を助手で迎え入れることはできるのですが……」という答えです。チームでの移籍は難しそうだ。そうすると、僕の手伝いばかりで博士号を取っていないメンバーの再就職は、難航するかもしれない。

六人全員の行き先が決まらないうちに、自分だけ身の振り方を決めるわけにはいかない。それではどうすればいいのか。

そのように悩んでいるときに「ロボデックス」の会場入口で先川原との再会を果たしたのです。何千という人が出入りして、幾つもの出入り口があるのに偶然に先川原と出会う。運命的なものを感じました。

二言、三言、挨拶を交わした後、事情を知っている先川原が心配そうに切り出してくれました。

「古田さん、これからどうするの?」

「決まっていなくて……。十一月からチームの皆でコンビニのバイトをしているかもしれない」

「そうなんだ……。もしかしたら、チームごと引き受けてくれるところを紹介できるかもしれないよ」

ラフな感じで携帯電話を取り出した彼は、その場でどこかへ連絡を取ってくれました。先川原の出身校でもある千葉工業大学が僕を欲しがっているという情報が入っているとのことです。

その場ですぐに面会のスケジュールを設定して、後日、都内のホテルで先川原と共に大学の理事から話を聞くことになりました。

しかし、僕も大学の研究室にいた経験がありますから、大学の人事の難しさは知っています。チーム丸ごとの受け入れはほぼ不可能だろうとあきらめていました。

面会当日。理事から「条件を言ってください」と促された僕は、遠慮しながら「二人、いや三人のメンバーも一緒に……」と答えていました。

すると、横にいた先川原が「古田さん、遠慮しないで全部言っちゃいなよ！」と催促します。思い切って「六人全員を受け入れてもらえませんか」と伝えると、理事は「大丈夫です」と頷《うなず》いています。

話が順調に行き過ぎて信じられない僕への説得は、食事、二次会と終電がなくなるまで続きました。最後に、アルコールが入った先川原が「こんな好条件なら、俺も一緒に働きたいくらいだよ」と言い出しました。

その一言を聞いた途端、北野共生システムプロジェクトでも強力な広報のプロフェッショナルがいたことを思い出した僕は「先川原さんも来てくれるなら、千葉工業大学に行きます」と宣言していました。

理事は「チーム六人に加えて先川原さんを招いて、古田さんをリーダーにするセンターをつくったら、千葉工業大学に来てくれるのですね？」と念を押します。お酒も入っていた僕は「はい！　大丈夫です」と即答して、その日の会合は終わったのです。

人生の「変化の鍵」は人にある

その後の展開も驚く程のスピードでした。通常の大学であれば、人事は月に一回程度行われる理事会で諮《はか》られて、答えが出るのは早くても三カ月後というようなペースです。ところが、理事は別れ際に「一日待ってください」と去っていきました。

それを聞いた僕と先川原は帰宅してから明け方まで、さっきの話は本当だろうかとメールのやりとりを繰り返していました。

「全員で移籍できたらいいし、そこに先川原さんも加わったら最高だよね」

「紹介した僕が言うのもおかしいけど、普通はない話だよね」

「そうだよね」

「でも、理事も本気だったし可能性はあるかもね」


翌日の昼過ぎ、理事からの電話を受けたのは先川原です。

「あの話、決まったよ。ついさっき、理事長と学長のOKをもらったそうだから」

すぐに僕のところへも連絡がありましたが、「は？」と言葉になりません。

しかし、運命が動くときというのは、このようにカチッと歯車が合うものなのかもしれません。後日、聞いたところによれば、理事も賭けに出たそうです。

当初、理事が想定していたのは、僕と「モルフプロジェクト」のチーム全員まででした。ところが、前夜の会話で先川原も加えてほしいと僕が希望した。理事は、その場の判断で「大丈夫」と請け合ったものの、理事長の了解を得ていません。

自分の首を賭けた勝負に出たわけです。翌日、理事長に報告して、「勝手な判断をした」という話になれば、この誘い自体が立ち消えになるところです。ところが、理事長は器の大きな人でした。

「優秀な人材で、理事はうちの大学に必要だと思っているんだろう。だったら、信じる。予算はあるから。六人も七人も同じだよ」

ここにも「即断即決」「結果がすべて」というマインドの人がいたわけです。僕はこのエピソードを理事から聞かされて、「この大学ならば新しいことができる」と確信を持ちました。

「fuRo」を立ち上げる際に考えていたのは、ベンチャーでも、企業でも、大学でも、国でもない、研究組織をつくりたいということでした。産でも、学でも、官でもない。従来の形にとらわれない団体がなければ、ロボット技術の未来は開けない。

それは北野共生システムプロジェクトで、二〇社以上の企業と連携してロボットの部品を開発していく中で感じたことです。

産学が連携しながらロボットの新産業をつくっていくためには、国の機関という立場では限界があります。なぜなら、ロボット技術の研究は複合的なものだからです。

エレクトロニクス、機械工学、人工知能、プログラムなど、すべての専門家がいないとロボットの研究チームはできません。つまり、一つの企業、大学、国の機関では手に負えないわけです。

そんな悩みを抱えていたところに千葉工業大学から、研究チーム全体を受け入れて、なおかつすべての学部・学科とも連携できる、学校法人直轄《ちょっかつ》の研究組織にしましょうという提案がありました。

今度は、僕が即断即決する番です。

二〇〇三年六月。ロボデックスで先川原と再会した二カ月後に、「ｆｕＲｏ」が立ち上がりました。

こうした経験を踏まえて、僕は、人生の変化の鍵を握るのは、結局、人との出会いにあると実感しています。

僕にとって大きかった、石黒さん、山中さん、先川原との出会い。そして、このときの理事であり、現在の理事長である瀬戸熊修さんや富山研究室時代から共に歩んできてくれた仲間たちとの出会いです。

振り返れば、周りは敵ばかりと考えて一人きりで戦い、「自分の力こそすべて」だと考えていた僕は、どれだけの時間を無駄にしてしまったのか。

信頼できるチームの存在は、自分の力を倍以上のものにしてくれます。僕は富山研究室で仲間の大切さに気づかせてもらい、北野共生システムプロジェクトでは研究室の外の世界にいる優秀な人々との出会いに恵まれました。

そして、「ｆｕＲｏ」には僕の力を信じて支えてくれる仲間たちがいます。四十代になった僕は、二十代の頃に比べてはるかに多くのことを実現できるようになっています。

エピローグ　「幸福な技術」で社会を変える

皆さんは、未来の街はどのような姿をしていると思いますか？

これから僕がロボット技術で挑戦しようとしているのは「環境問題」と「少子高齢社会」の解決です。環境問題は別の言い方をするならば「グリーンイノベーション」で、少子高齢社会は「ライフイノベーション」です。

地球環境と調和しながら、少子高齢社会を考慮に入れつつ、それを最先端の技術で解決する。日本は資源がないから、科学技術で何とかしなければなりません。

ロボット技術でライフイノベーションを突破する以外、日本が世界に示せるものはないと考えています。

例えば、北欧のデンマークは九州くらいの面積の小さな国で、消費税が二五パーセントという高負担国家です。それなのに、ヨーロッパが定める「幸福度」では第一位になっている。それは医療も福祉も教育も、すべてが無料で提供されているからです。

そのように外から見れば何の問題もないように見えるデンマークですが、現在彼らは「これからの少子高齢社会でどうしていけばいいか」に相当な危機感を抱いています。

出生率が改善しないならば、対策は二つしかありません。外国から移民を受け入れるか、科学技術で社会を変えるか。

デンマークは、諸外国に侵略されてきた歴史的背景があるので移民の受け入れには消極的です。そうすると、少子高齢社会を改善するためには一人当たりの生産性を上げていくしかない。

少ない人口で、どのように社会システムを構築して高齢者を養っていくか。僕は最近デンマーク政府とコンタクトを取っていますが、彼らは真剣に問題解決を考えています。

日本もデンマークと同様に移民は受け入れない方向です。そうすると、科学技術で対応するしかない。そのためには、知能ロボットを高度化して、少子高齢化を乗り切ることが重要になります。

「ピンチをチャンスに変える」ことに成功すれば、日本の未来は明るくなります。諸外国に対して、日本の技術のアドバンテージを示すことにもなります。僕は、その実現に貢献したい。

数学、物理、化学、医学。これらの学問を応用する目的で「工学」が生まれました。工学を「ものづくり」にどのように生かすか。そのために「機械工学」や「電気工学」や「IT」が生まれました。

現代は、それらの工学の様々な研究成果を統合する学問が必要です。それこそが「ロボット技術」です。機械工学や電気工学やITをロボット技術に統合する。科学技術の未来を考えれば、ロボット技術の導入は必然の流れです。

少子高齢社会の解決のためには生活の至るところをロボット技術で自動化して、科学技術で社会システムを変えていかないと、日本の先行きは大変に厳しい。

そこで、僕が進めているのは「住宅」「移動手段」「街」へのロボット技術の導入です。

例えば、僕は大手のハウスメーカーと「ロボット住宅」の実用化を手がけています。独り暮らしの高齢者の方の健康管理が自動的にできる、ロボット技術で制御した住宅です。二〇一三年を目処に実用化を目指しており、ベッドやリビングや洗面所など居住空間に埋め込んだセンサーで居住者の体調を管理して、異常を感知するシステムです。

高齢者の「孤独死」の原因の多くは、高血圧症と糖尿病が引き金になっています。ロボット住宅が実現すれば、高齢者の体調を日々把握できるようになる。また、緊急時の家族や病院への自動通報もできるようになります。

ロボット住宅というと「ロボットが家の中を動き回る」というイメージが一般的ですが、まったく違います。仮にロボットが家の中を移動するならば、安全性の確保が重要な課題となり、現実的には実現が難しい問題です。

しかし、ロボットの本質である「感じて、考えて、動く」機能を組み込むことで、住民は自分がロボットハウスに住んでいると意識することなく、快適に生活できるようになります。

現在、「人口一万人に対する医師の数」としては首都圏が最も不足しています。東京近郊は実は医師が少ないのです。大学病院に通おうとしても、一次診療を受け付けないところが多いので紹介状が必要になる。しかし、肝心の開業医が近所には見あたらない……。

このように、日本の社会システムは少しずつ壊れ始めています。少子高齢化の中で、社会の生産性を上げるためには「いかに健康を保つか」が重要で、そこでは医療システムが問題になります。

だから僕は、ハウスメーカーと「ロボット住宅」や「見守り診断の家」を手がけています。でも、それは氷山の一角です。

さらに進めたいことは、遠隔医療システムの実用化です。医師数の偏在《へんざい》化の問題も、ＩＴとロボット技術を使えば均一化できる。

実は、遠隔医療に協力してくれる医師はいるんです。それは女性医師です。育児をするために家庭に入った女性医師に遠隔診断を依頼する。そうすれば、医師の生産性は上がります。電話の「１０４」のコールセンターも沖縄にあるという話を聞きました。そのように、「いま、ここ」にいなくても、ＩＴを活用すれば実現できることがあります。

それでも、医師一人当たりが診療できる数には限界があります。しかし、実は医師の問診《もんしん》はロボット化できる部分が多いのです。

「どこが痛いですか？」
「昨日はよく眠れましたか？」
「熱っぽいですか？」
「食欲はありますか？」

これらの問診は、ほぼロボット技術で自動化できます。音声やタッチパネル、血圧測定器等のセンサーも使いながら人工知能の技術で問診すれば、その人の健康状態を推測できる。

人生に大切な「健康」をどのように科学技術でカバーするか。健康、長寿、生産性の向上、医療、日々の暮らし……。できることは幾らでもあります。

僕が夢見た「車椅子ロボット」の普及――。そのためには、交通システムも含めた「移動手段」の変化が必要です。「車椅子ロボット」も、ただ開発しただけでは人々には届かない。高価になれば、誰も買ってくれないからです。

だから、パーソナルモビリティ（一人乗りの移動機器）は、行政サービスとも連動して展開しなければならない。まずは国や自治体を巻き込んで「特区」で展開するなどして、インフラとして世の中の交通システムに組み込まれるようにする。

「セグウェイ」はアメリカで話題になりましたが、日本では一般道を走れないように道路交通法はなかなか変わりません。だから、無邪気に「車椅子ロボット」をつくっているだけでは絶対に普及しない。社会の仕組みに取り入れられる方法を、考え抜かなければなりません。

例えば「シニアカー」というものがあります。急速に普及しているシニアカーは電動の車椅子とバイクの中間のような乗り物で、歩道を走っています。

しかし、シニアカーは死亡事故も含めて年間に相当数の事故を起こしていますが、現在の法律では「歩行者」なので、事故扱いにはならない。しかも、多くは「高齢者が運転するシニアカーが、歩行中の高齢者に衝突する事故」です。これでは高齢者は安心して街を歩くことができません。

僕は「人や障害物を認識したら自動的に回避する安全性」を実現した「車椅子ロボット」を普及させることで問題を解決したいと考えています。

例えば、研究学園都市として有名なつくば市では「つくばチャレンジ」という実証実験を毎年開催しています。

実際に人が生活する街の中で、ロボットが速度を競うのではなくて「安全かつ確実に動く」ことを目指す技術挑戦です。市・警察・企業・地域住民等の全面的なバックアップにより、人や自転車が行き交い、水たまりや落ち葉もある公園や遊歩道を、ゴールを目指してロボットが移動するのです。

「ｆｕＲｏ」も二〇〇九年の「つくばチャレンジ」に参加しました。低価格と安全性を兼ね備えた必要最小限の「センサーシステム」や、リアルタイムによる「三次元地図構築機能」を搭載したロボットは無事に完走して、好記録を残すことができました。二〇一〇年一月、つくば市は「搭乗型移動ロボット」の実証実験特区の認定を内閣府から受けました。早ければ今夏から走行実験が始まります。

いよいよ、自律移動ロボットや搭乗型移動ロボットが公道を行き交う日が近づいているのです。

「幸せ」とは「快活に、社会活動や文化活動、経済活動に加わること」だと思います。事故を恐れて、家に閉じこもって生きながらえることではありません。社会の一員として高齢者に元気に動き回ってほしい。それを実現させるには、技術を用いた社会システムや経済システムの変更が必要です。

つまり、僕は、ロボット技術による顧客空間の高度化事業を目標にしています。オフィス、住宅、店舗、工場に至るまで、すべてにロボット技術を導入して世の中を変えていきたい。

「ＢｔｏＢ」から「ＢｔｏＣ」まで、すべてを知能化する。少ない労働コストで、働く一人当たりの生産性を上げていきたい。そのために、各分野に、一つ、一つ、ロボット技術を導入してもらうのです。

例えば、お医者さんたちも、こちらから持ちかけなければロボット技術なんか使わない。現状のままでも「そこそこのビジネス」になっているからです。

それでは、社会は変わらない。

ロボット技術を使うと何ができるのか、実はそのことはロボットの専門家にはわからないんです。専門家だけでロボット技術を使っているようではどうしようもないと思います。

大阪・梅田駅の北口には、ＪＲの貨物施設跡地があります。広大な土地を再開発して新しい街をつくる計画があり、二〇一二年にはグランドオープンの予定です。「街づくりにロボット技術をどのように導入するか」は、この計画の大きなテーマの一つであり、そこに「ｆｕＲｏ」は参画《さんかく》しています。

建築業界の人たちと意見交換をしながら、「いままでは実現できなかった、こんなことを実現したい」という彼らのニーズやアイデアに合わせて、ロボット技術を積極的に提案しています。

僕はロボット技術を「技術者の独占」から解放したい――。

ロボット技術をどう使うかということは、各ジャンルに精通しているそれぞれの企業に考えてもらうのがベストです。外部からのアイデアが入ることで技術は発展していく。

「おサイフケータイ」は良い例です。ああいった発想は、理系の技術者の頭からは絶対に出てこない。企業が、「ユーザー目線」でサービスを考え抜くからこそ、生まれるものです。

また、二〇〇二年にアメリカで発売されて、世界四〇カ国で四〇〇万台を売り上げている掃除ロボット「ルンバ」も同様です。「ルンバ」は、「地雷撤去ロボット」のノウハウを活用して開発された商品で、障害物を自動に回避しながら一時間程度で部屋を掃除する機能を持っています。機種によっては、自動的に専用充電器まで戻る機能も付いています。

このように従来の手法にとらわれず、利用シーンを徹底調査すれば、ロボット製品化の道は必ず開けるのです。

現在は、他の人が使えないように専門家が技術を囲い込んでいる。僕は細分化されたロボット研究を整理して、誰でも簡単に使えるようにするために、各業界のリーディングカンパニーにプレゼンテーションをして、仕事に結びつけています。

リーディングカンパニーと仕事をする理由は簡単です。各業界のトップが参入すると、「うちの会社も」と追随《ついずい》が始まるからです。

例えば、ある時期にホンダが「これからはロボットだ」と宣言すると、他の多くの企業も人間型ロボットの開発を始めました。

「人間型ロボットで何ができるのか」をしっかりと検証することなく参入ラッシュとなり、景気が悪くなると多くのメーカーはあっさりと手を引きました。

でも、そこを逆手に取って、リーディングカンパニーと仕事をして、しっかりとした成果を残していけばいいのです。

現在、「モルフ3」の系譜に連なる次世代の「人間型ロボット」の研究も進めています。でも、それらの「一品モノ」のロボットは、あくまでも技術や経験の蓄積、研究成果のPRが目的です。

それよりも力を入れているのは、汎用性の高い、誰でも組み立てて使えるハードウェアとソフトウェアの整理です。経産省所管の独立行政法人「NEDO（新エネルギー・産業技術総合開発機構）」は、二〇〇五年からの三年間で「次世代ロボット共通基盤開発プロジェクト」を進めました。「fuRo」は、運動制御用のデバイス・モジュールの開発を担当。音声認識、画像認識、運動制御の三つの基盤は整備されましたが、まだまだ広げていく必要があります。

それを様々な企業が使用することでロボット技術が行き渡る。例えば、インターネットのコンテンツで商売を始めようとする人たちが、コンピューターの研究施設や専門家に相談しようとは思いません。コンピューターはどこでも手に入るし、ソフトだって幾らでも手に入る。それが理想の形です。

ロボットの専門家ではない人たちが、ロボットを使えるようにする。レストランに来る人たちは、どんな幸せな体験ができるのかを期待しているわけです。料理人の技術のみを期待しているわけではありません。

技術は素材に過ぎません。ロボットを歩かせたり、走らせたりすることではなくて、「その技術をどう用いるか」――。それが重要です。

僕は、難病から奇跡的に助かった少年時代に、下半身不随の車椅子の生活を送りながら「不自由が不自由でなくなる社会」を実現しようと誓いました。

そして、結婚して〇歳と五歳の二人の娘を持った現在では「誰か一人だけが幸せになる社会はありえない」ということも実感しています。だから、「ロボット技術で社会全体が幸せになる」ための努力を、人生を懸けて徹底的に続けようと覚悟しています。「不可能は、可能になる」と信じて――。

このような姿勢で研究を続けているかぎり、僕は、お金儲けはできないと思います。そのうちに「ｆｕＲｏ」の仲間全員で屋形船を借り切って、東京湾の花火大会に行けたらいい。

それくらいのお金を稼げていれば、僕はそれで充分です。

morph 1 & morph 2　モルフ1 & モルフ2

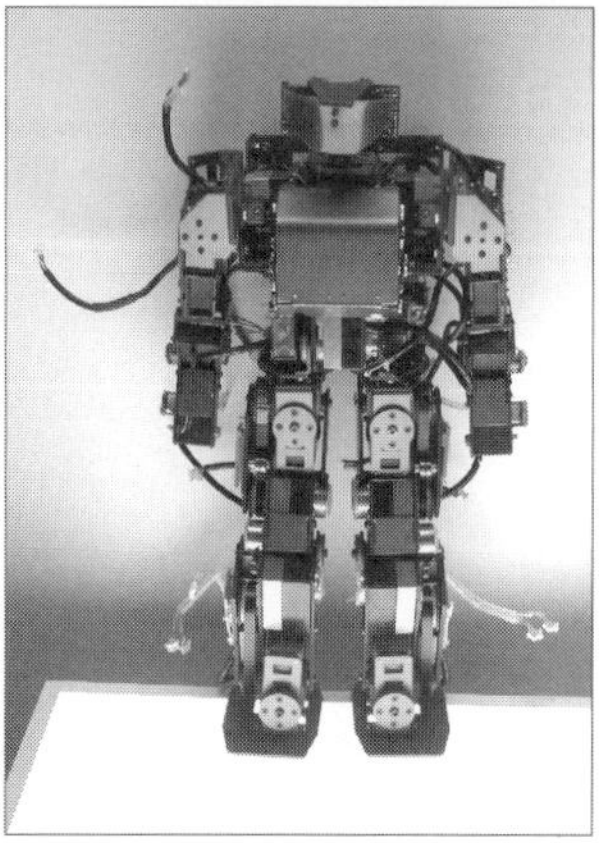

▲モルフ2

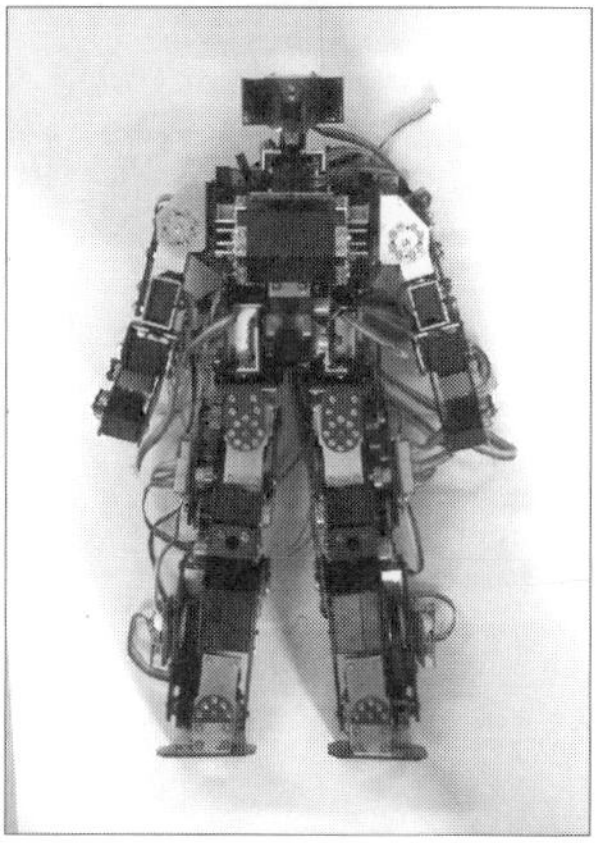

▲モルフ1

特徴

- 大きな関節可動範囲を有する
- アクチュエーターの挙動をリアルタイムで変更可能である
- 分散制御系を実装することで、高い拡張性とメンテナンス性を有する

プロジェクトの目的と概要

従来のヒューマノイドの運動制御の研究は、歩行動作に関するものが中心になされてきた。しかしながら今後、ヒューマノイドが実用化のフェーズに移った場合、転倒回避動作、転倒受身から起き上がり動作等の周囲の人・環境およびロボット自身の安全性に関わる技術の開発が必要不可欠である。このような背景のもと、開始されたのが「モルフプロジェクト」である。

「モルフプロジェクト」は、ヒューマノイドの要素技術およびそれらの統合技術、その中でも全身運動を伴う自律システムの研究開発を行う目的で、2001年4月にERATO北野共生システムプロジェクトにて開始された。

実験用のプラットフォームに関しては、2001年5月に第一世代の「モルフ1」が、9月に第二世代の「モルフ2」の構築が完了している。なお、ここで言う全身運動とは受身動作・前転動作など、床面等の環境と、足裏以外のロボットボディとの物理的接触・干渉を伴う動作を意味する。

※「モルフ1」&「モルフ2」は、ERATO北野共生システムプロジェクトにおいて開発されたロボットです。

動画

http://www.furo.org/ja/robot/morph1_2/movie.html

morph 3　モルフ3

▲モルフ3

特徴

ロボットとは、センサー、モーターなどのアクチュエーターおよびコンピューターの融合からなる知的機械である。それゆえ、人工知能、認知・知覚技術および運動制御など、その構成技術は、多岐にわたる。

小型ヒューマノイド「モルフ3」は、これらロボットに必要な要素技術開発用に生まれた実験用ロボットで下記の3つを実現した。

- **卓上での実験が可能な小型サイズの実現**
- **高度な機動性を実現するロボットボディの実現**
- **高度な知覚機能を実現するための大規模センサーシステムの導入**

※「モルフ3」は、科学技術振興機構ERATO北野共生システムプロジェクトと工業デザイナーの山中俊治氏が共同開発したロボットです。2003年6月1日より「モルフ3」の研究開発チームが千葉工業大学　未来ロボット技術研究センター(fuRo)へ移籍し、継続して研究開発が行われています。

動画

http://www.furo.org/ja/robot/morph3/movie.html

Hallucigenia01　ハルキゲニア01

▲ハルキゲニア01

特徴

- ホイールを装備した脚（ホイールモジュール）を８本有し、全３２個のモーターで駆動するロボットカーの$\frac{1}{5}$スケール実験試作車
- 各ホイールモジュールはロボットであり、モジュールごとにコンピューター（サテライトコンピューター）が制御
- ホイールモジュール群が協調動作を行うことで、全方位横移動、その場回転、車体を水平に保ったままの登坂や段差の乗り越え走行などの高度な機動性能の実現に成功
- メインCPUとサテライトコンピューター群は、体内LAN（神経系）により結合、分散協調制御システムを構成
- パワーユニットをホイールに分散することにより、バッテリーや制御系・駆動系等すべての装備を床下に実装し、フラットなフロアを実現。汎用プラットフォームという技術コンセプトを具現化
- 車体上部に実装されたデザインは、このフロアがもたらす多様なデザインの一例である。上部を簡単に脱着できる構造にすることで、将来、レスキューなどの特殊車両や福祉車両、物流用などとしてのデザイン展開を可能にしている

動画

http://www.furo.org/ja/robot/hallucigenia01/movie.html

WIND Robot System　ウインドロボットシステム

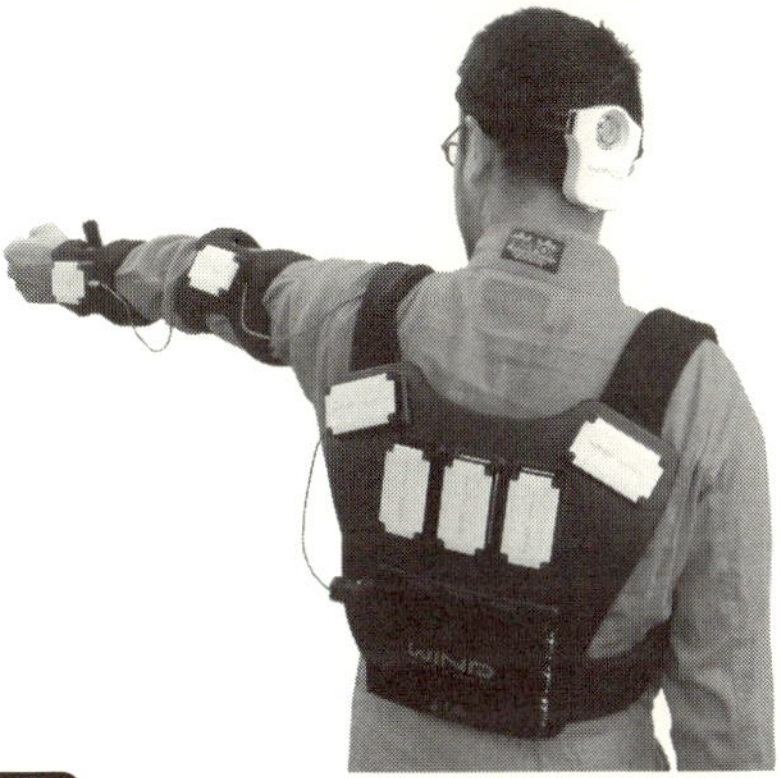

◀ウインドロボットシステム

特　徴

- **マウスもキーボードもいらないロボット制御：ウインドロボットシステム（WIND Robot System）**
- **超小型の演算モジュール（ウインドモジュール）を中心にBlootooth® 無線リンクモジュールおよび三次元姿勢センサーモジュールにより構成**
- **操作者の動きを検出・認識。この結果をロボットへ無線送信することで操作者はジェスチャーなどを用いロボットを簡単に操作**

機能紹介

- **検知・認識　ウインドがヒトの動きを検知・認識**
- **無線送信　ウインドで認識した動作をロボットに無線送信**
- **指令受信　送信された指令をロボットは受信**

開発コンセプト

従来、パソコンのマウスやキーボードで操作してロボットを制御していたが、パソコンの機能を全て1つの半導体パッケージに搭載したSiPを用いることで、ロボットを制御。

WIND（Wireless Intelligent Networked Device：ロボット用超小型制御デバイス）が、ヒトの動きを検知・認識し、ロボットに動作指令を無線送信することによって、ロボットを操作。

このSiP技術で超小型に実装された未来型半導体パッケージがロボットをより身近にする。

動　画

http://www.furo.org/ja/robot/wind/movie.html

HallucⅡ　ハルクⅡ

▲ハルクⅡ

特徴

▪56個のモーターを駆使して形態変形、状況に応じて変幻自在に移動。新規開発の超多モーターシステムを搭載、高精度・ハイパワーな関節制御を実現した

「ハルクⅡ」は、多関節ホイールモジュール（車輪モジュール）を8脚装備した移動ロボットである。

新規開発した超多モーターシステムを搭載。脚・車輪ロボットとしては最多クラスとなる56個のモーターを移動用に装備。

ビークル（車両）モード、インセクト（昆虫）モード、およびアニマル（動物）モードの3形態に変形。形態を変形させ、走行と歩行を切り替えることで、従来にない高い移動性能を実現。

車体下向きおよび横向きには距離センサーが合計13個、360度車体全周囲の障害物検出用に2個のレーザー測域センサー、車体の姿勢検出用に3軸姿勢センサーを装備。

動画

http://www.furo.org/ja/robot/halluc2/movie.html

Hull　　ハル

▲ハル

特　徴

- 誰でも簡単に、複雑なロボットを"直感的に"操縦できる「人機一体を目指した、直感的操縦を実現するコックピット」
- お子様からお年寄りまで、「変形ロボを誰でも操縦」
- 上記の特徴を持つ「ハル」に乗り込み、超多モーターシステム搭載・変形ロボット「ハルクⅡ」を操縦することができる

将来の展望

【複雑なロボットを、誰もが簡単に操縦できるコックピットを目指して】

～来るべき操縦型多関節ロボット実用化に向けて～

今後、福祉機器、未来の乗り物など人が乗って操縦する多関節ロボットは生活のあらゆるシーンで導入される。この場合、老若男女、誰もが簡単に操縦できるコックピットを実現することが、実用上不可欠な技術となる。「ハル」の操縦システムを導入すれば、特殊な技能・訓練を必要とせず、複雑かつ高機能なロボットを思いのまま操れることが期待できる。

将来の用途

- 将来：未来の乗り物のコックピット、知能化された車椅子の操作部への応用
- テレイグジスタンス（遠隔操作）を利用したロボット操作システム

動　画

http://www.furo.org/ja/robot/hull/movie.html

西暦	古田貴之年譜	ロボット関連のおもなトピック
一九五二年		漫画『鉄腕アトム』（手塚治虫著）連載開始
一九六八年	誕生（〇歳）	
一九七〇年	インドへ渡る（二歳）	漫画『ドラえもん』（藤子不二雄著）連載開始
一九七三年		早稲田大学、世界初のヒューマノイドロボット「WABOT-1」を開発
一九七五年	インドより帰国（七歳）	
一九七九年		アニメ『機動戦士ガンダム』テレビ放映
一九八二年		映画『ブレードランナー』公開
一九八四年		映画『ターミネーター』公開
一九八八年	青山学院大学理工学部機械工学科入学（二十歳）	アニメ『機動警察パトレイバー』発表
一九九六年	「Mk.シリーズ」の開発を始める（二十八歳）	ホンダ、二足歩行ロボット「P2」を公表
一九九九年	「Mk.5」を発表（三十一歳）	ソニー、初代ペットロボット「AIBO」を発売

二〇〇〇年	工学博士の学位を取得（三十二歳）	ホンダ、二足歩行ロボット「ＡＳＩＭＯ」を発表
二〇〇一年	ＥＲＡＴＯ北野共生システムプロジェクト・ロボット開発グループリーダーになる	映画『Ａ．Ｉ．』公開
	「モルフ1」「モルフ2」を発表（三十三歳）	オムロン、ネコ型コミュニケーションロボット「ネコロ」を発表
二〇〇二年	「モルフ3」を発表（三十四歳）	産業技術総合研究所のあざらし型ロボット「パロ」が世界一の癒しロボットとしてギネス認定
二〇〇三年	千葉工業大学 未来ロボット技術研究センター（ｆｕＲｏ）所長に就任	ソニー、二足歩行ロボット「ＱＲＩＯ」を発表
	「ハルキゲニア01」を発表（三十五歳）	映画『ロボコン』公開
二〇〇四年		トヨタ、人と共生するロボット「トヨタ・パートナーロボット」を発表
二〇〇五年	「WIND Master-Slave Controller」を開発（三十七歳）	村田製作所、自転車ロボットの二代目「ムラタセイサク君」を発表
二〇〇七年	「ハルクⅡ」「ハル」発表（三十九歳）	タカラトミー、世界最小の二足歩行ロボット「ｉ‐ＳＯＢＯＴ」を発表

古田貴之（ふるた・たかゆき）

工学博士。1968年、東京都生まれ。1996年、青山学院大学大学院理工学研究科機械工学専攻博士後期課程中途退学後、同大学理工学部機械工学科助手。2000年、博士（工学）取得。同年、（独）科学技術振興機構のロボット開発グループリーダーとしてヒューマノイドロボットの開発に従事。2003年6月より千葉工業大学　未来ロボット技術研究センター所長。

新たなロボット技術・産業の創造を目指し、企業との連携を積極的に行い、新産業のシーズ育成やニーズ開拓に取り組む。2002年にヒューマノイドロボット「モルフ3」、2003年に自動車技術とロボット技術を融合させた「ハルキゲニア01」、2005年にロボット操縦システム「WIND Master-Slave Controller」を開発する。さらに2007年に超多モータシステムを搭載した移動ロボット「ハルクII」とそれを直感的に操縦できるコックピット「ハル」を開発し日本科学未来館に納入、現在も常設展示・デモが行われている。また、「Suica」の自動改札口や自動車、携帯電話のデザイン等で著名な工業デザイナー山中俊治氏（リーディング・エッジ・デザイン）との共同研究により、ロボットのプロダクトデザイン研究も行う。

不可能は、可能になる

「一生、車椅子」の宣告を受けたロボット研究者の挑戦

2010年9月24日　第1版第1刷発行
2022年3月24日　第1版第13刷発行

▪著　者　古田貴之
▪発行者　岡　修平
▪発行所　株式会社PHPエディターズ・グループ
〒135-0061 江東区豊洲5-6-52
☎03-6204-2931
http://www.peg.co.jp/

▪発売元　株式会社PHP研究所
東京本部
〒135-8137 江東区豊洲5-6-52
普及部　☎03-3520-9630
京都本部
〒601-8411 京都市南区西九条北ノ内町11
PHP INTERFACE　https://www.php.co.jp/

▪印刷所
▪製本所　凸版印刷株式会社

ISBN 978-4-569-77706-1

PHPエディターズ・グループの本

いくつもの壁にぶつかりながら

19歳、児童買春撲滅への挑戦

村田早耶香 著

「カンボジアの子どもたちに笑顔を」。寄付だけに頼らない自立収益型NPOを立ち上げ「児童買春撲滅」を目指す若き女性起業家の物語。

定価 本体一、五〇〇円（税別）